變中求勝

麻將中的商業智慧

原書名：麻將桌上的成功學

前言

起源於中國的麻將，至今已經有一千多年的歷史，是中國人十分喜愛的一種娛樂方式。

由於生活節奏的加快和各行各業競爭的加大，打麻將不僅是紓解精神壓力的一種途徑，同時還使人們在「玩」中鍛鍊自己觀察問題和分析問題的能力，並從中借鏡了許多在經營上和處事上的道理。

隨著時代的發展，麻將中所蘊涵的智慧與謀略，已經被各行各界的成功人士運用到實際的工作中。

大家都知道，在這個世界上有些事情只憑自己所謂的運氣，是永遠不能取得最後的成功，成功只為那些有「準備的人」而準備的。

在商場上也是一樣，如果你不能全面地掌握經營之道，那麼你就不會成為「贏家」。

為了使你在實戰中掌握「麻將的智慧」，我們經過對大量的理論資料和案例的閱讀，以及相關專家的認真篩選，從基礎知識入手，逐漸地讓你成為商場上的高手。

CATALOGUE

前言 002

第一章 選好對手

1、怎樣選擇對手 008
2、認識對手 014
3、確認對手是誰 016
4、做自己有興趣的事 019
5、在放棄中選擇 024

第二章 想贏，就時刻準備著

1、有準備才有機遇 030
2、準備好再行動 033
3、在磨練中走向成功 039
4、性格決定你的輸贏 042

第三章 擺正心態

1、別想一口吃成胖子 046
2、良好的心態是一種力量 052
3、要坦然面對失敗 057
4、克己，才能以柔克剛 059

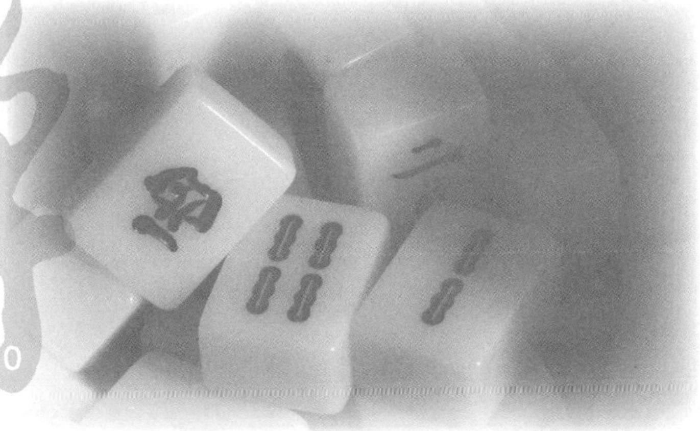

5、不要同時追兩隻兔子 064
6、失去戰機的代價 071
7、採取行動要專心 076
8、行動要果斷 081
9、出好你的每一張牌 084

第四章 定位要準確

1、定位是發展的基礎 088
2、重新定位很重要 094
3、樹立良好的形象 098

第五章 做大做小看信息

1、做捕捉資訊的高手 106
2、輸贏在於對資訊的把握 113
3、搜集資訊有方法 123
4、在資訊中尋找發展的空間 127

第六章 胡大胡小要果斷

1、決策時最怕的幾種行為 130
2、決策絕不能拖泥帶水 134

CATALOGUE

3、決策時要把握時機 139
4、誰慢誰就被吃掉 145
5、要發展，就不要怕冒險 150

第七章 出牌時要隨機應變

1、在「變中」取勝 164
2、不要被失敗嚇倒 166
3、不要放過進攻的機會 175
4、先撿芝麻後摘西瓜 182
5、看住對手才會贏 186

第八章 贏家祕訣

1、學會察顏觀色 188
2、在最短的時間內出手 196
3、不要跟著別人走 203
4、審時度勢是上策 208
5、視野要開闊 209
6、勇氣＋信心＝成功 214

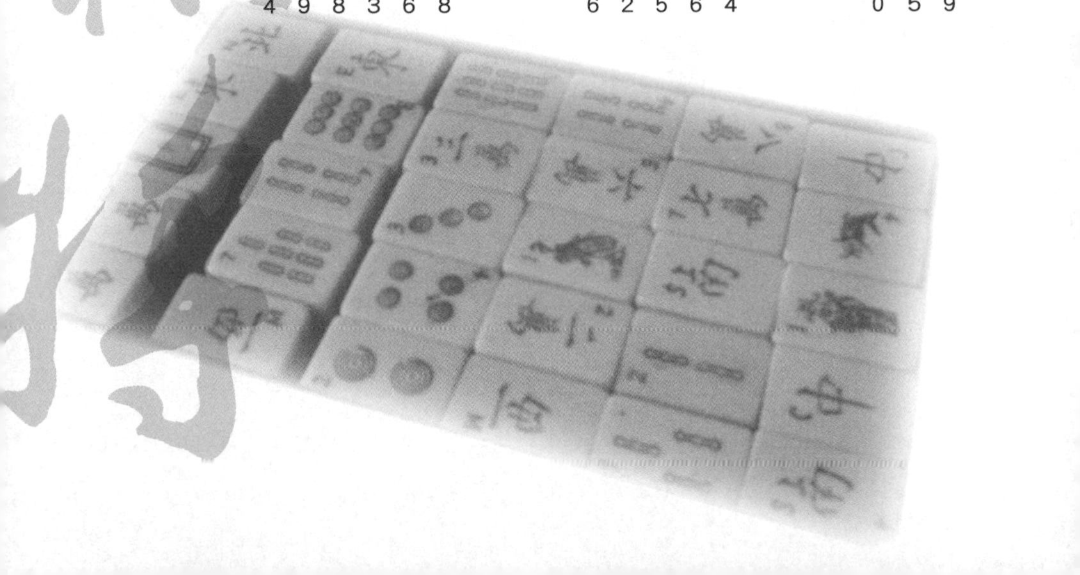

第一章

選好對手

麻將是非常生活化的一種遊戲，既然是一種娛樂活動，大家就要玩得開心，要玩得開心，就存在一個選擇對手的問題，這和在商場上的道理是一樣的。

發 1 怎樣選擇對手

在玩麻將時，如果對手比你優秀，會增強你的競爭意識，相反地，如果對手是個「戰術」水準很低的人，就會削弱你的競爭意識，也就失去了發展的動力。

所以，在人生的旅途中，我們要做的不僅僅是制訂目標，提升自己，還應該在不同的人生階段選擇不同的競爭對手。只有選對了合適的對手，我們才能在競爭中取得輝煌的成績，人生也才會變成我們想要的模樣。

在選擇競爭對手的時候，我們既要讓自己有一定的壓力，也不要過於缺乏自信，選對了合適的競爭對手，並為此而努力，我們的人生就會自然而然豐富多彩起來。

現在，就讓我們來看看關於著名的石油大亨馬庫斯·撒母耳的故事吧！這個貧窮的小男孩，就因為選擇了一個成功的對手，並為此而努力不懈，最後成為了著名的皇家殼牌永久的鼻祖。

十九世紀的中期，撒母耳出生於一個世代經商的猶太人家庭。在他十三歲時，他在英國海岸遙望對面世界石油大亨洛克菲勒的石油大廈，在他看到洛克菲勒的大航船在海上不可一世的時候，他說出了震驚眾人的豪語：「我要開創一番偉業，成為和洛克菲勒這些元老一樣的大富翁。」當時洛克菲勒是世界最富有的人，他已經在北美建立了自己的石油王國，獨霸著整個世界石油市場。而這個十三歲的小孩子，不過是在海邊撿貝殼，有時候和父親販賣貝殼的小販子。

隨著貝殼和煤炭生意的擴大，他賺取了相對的利潤後，馬上開辦了一家石油公司，因為他要實現自己少年時的豪語，和洛克菲勒一爭高下。這家公司就是後來聞名世界的殼牌石油公司。

緊接著，一場不同重量級別、實力和背景相差頗大的較量，就在這兩個猶太人之間展開了。面對大富翁洛克菲勒的不斷進攻，撒母耳都能勇敢迎戰，並且很好的擊退對手。於是，洛克菲勒龐大的標準石油公司，只好眼睜睜地看著自己的領地一個個被撒母耳佔據，伊朗、伊拉克、墨西哥等地的石油被撒母耳開採，在歐洲、美洲甚至整個世界的石油市場的部分，也陸續屬於了撒母耳。從此世界的兩大石油公司——美孚和殼牌，各自挺立在兩個半球上。

也許有些人覺得撒母耳對對手的選擇過於隨性，沒有認清自身的實力就盲目訂下遠大的目標。可是事實上，就是因為撒母耳清楚地明白自己的實力和自己所能承擔的東西，他才能在很小的時候就將神話般的洛克菲勒定為自己的對手，並不停地為之努力。很顯然的，洛克菲勒也清楚的知曉這個後生晚輩的可怕，所以在殼牌石油成立之初就對其進行打壓。他們兩人也算是棋逢敵手了。

世事紛繁，人心莫測。

因而我們在選擇競爭對手的時候，最好先好好弄清這個人的人品、學識、實力以及為人處世的胸襟。與那些猥瑣卑劣的人做對手，會連我們自身都變得鄙俗和墮落；反之，如果選擇的是一個德才兼備、光明磊落的對手，那麼我們自然就會因對手的出色而相對變得有能力，素養也會有明顯的提升，還能在這種良性競爭中獲得快樂。

面對選擇是痛苦的，但不經歷痛苦的選擇和激烈的競爭，便不是一個完整的人生，人生處處如意，僅只是一種單調的光彩。

我們如何將生活變得多采多姿，如何彌補人生的殘缺，就在於關鍵的時刻，我們如何選擇。

德國的哲學家費爾巴哈是大師黑格爾的學生，同時也是黑格爾的對手。他曾為黑格爾的思辨哲學傾倒，但在後來的歲月裡，他一直在批判黑格爾的唯心主義。

面對強手，面對唯心主義統治的德國哲學界，他一直在進行著與唯心主義艱苦的論戰。在激烈的競爭中，他始終堅持「吾愛吾師，但猶愛真理」的原則，終於在德國哲學界確立了自己唯物主義權威。費爾巴哈之所以能成為德國哲學界泰斗級的人物，主要是因為他選擇了一個比自己博學而強大的導師做為對手，進而使自己聲名遠播。

不善於選擇對手，是許多人常犯的毛病。

他們雖然對未來有著很好的目標和工作計畫，甚至有了實施的方案，但就是因為他們不善於選擇與自己「旗鼓相當」的人，而是眼高手低地選擇了那些在素質上、能力上、競爭實力上與自己相差甚遠的人做為競爭對手，才使自己陷入了一種「老虎與晏鼠一決雌雄」的尷尬境界，在使自己離成功越來越遠的同時，給世人留下恥笑的把柄。

美國有一位名叫阿紮洛夫的作家，由於他的努力和勤奮，使他的前半生有著輝煌的成就。

然而在他的後半生，由於他在故鄉小城裡與一個名叫馬利丁的文壇小丑較勁了起來，並將其視為競爭對手，而使他前半生的輝煌與後半生無緣。

馬利丁為了提升自己的身價，得到名利和地位上的雙贏，以他卑鄙的鑽營伎倆不斷地在報刊上製造一些低劣的花邊新聞，並向阿紮洛夫挑釁。

憑著阿紮洛夫的人品和地位，他本不該去理會這種「跳樑小丑」式的人物，但是，不幸的是，他被這個小丑激怒了，並喪失理智地與這個叫馬利丁的人在小報上展開了長達數年的論戰。

結果，這個馬利丁靠著阿紮洛夫既得到了名又得到了利，而阿紮洛夫，在無端地空耗青春與生命的同時，竟成了世人恥笑的對象，從此一蹶不振，鬱鬱而終。

善於選擇對手反映了一個人的創業幹勁、工作熱情和對未來的責任意識。

人生短促，來日無多，只有抓住今天，迅捷行動，做出一個正確的選擇，才能在有限的一生中有所作為。美國有位作家說得好：「成功的大事很少是長期考慮、仔細安排的結果，而是我們善於選擇的結晶。」善於選擇與善於競爭是與走向成功息息相關的，具有這種素質的人，更能贏得別人的尊重和信賴，樹立自己的形象。與此相反，不能正確地選擇一個能提升自己個人素質、促使自己走向成功的對手，其與對手的競爭也就毫無意義，甚至還會離自己渴望的成功越來越遠。

一位在建築業上取得巨大成就的成功人士說：「不善選擇對手的人永遠不可能獲得成功。誰願意與眼高手低的人打交道？誰願意依靠這種人？」

一位哲人說：「正直的對手和正直的朋友一樣可愛，卑鄙的朋友和卑鄙的對手一樣可憎。」無論是選擇朋友還是選擇對手，都是對自身素質、見識和智慧的一種檢驗，它重要得關乎人的一生。

在玩麻將之前，如果大家不認識，都會先做一下自我介紹，以表示禮貌和友好。但如果是在商場上，這種表面上的認識，只是一個剛剛開始。如果你想贏得對方，還要去深入地認識對手，因為只有這樣，你才能發揮自如，最終戰勝對手。

在剛剛結束的印尼羽毛球公開賽上，中國張軍和高凌再次與韓國的金東文與羅景民相遇決賽，再次失利獲亞軍。這已是這兩對當今世界羽壇最好的混雙組合今年的第五次交鋒，之前除了在日本公開賽贏了一次，張軍和高凌已先後在蘇迪曼杯賽、世錦賽及新加坡公開賽敗北。接二連三輸給同一對手，即使自己的信心受挫，同時也長了對手的氣勢，照體育比賽一慣的說法，對手成了他們的「剋星」。

其實，在比賽中選手間彼此相剋的現象司空見慣，但如果到了誰成了誰的「剋星」的地步，那情況就相當嚴重了。

首先，能夠成為一方的「剋星」，意味著他們不僅掌握了專門抓住對方弱點的獨門祕招，而且屢試不爽，逢敵必勝，久而久之，便給對手造成極大的心理壓力，未戰心就會心虛。其次，有了「剋星」的一方，即使具備很強的實力，可以戰勝很多強手，奪得頂級大賽的冠軍，但因為心裡有「剋星」留下的陰影，一旦比賽中與「剋星」遇上，難免會發慌，影響到正常的發揮，逐漸陷入一輸再輸的惡性循環中。

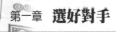

3 確認對手是誰

商場上和玩麻將有很多地方是相似的，剛開始時，你不可能知道真正的對手是誰，只有在「實戰」過程中才能確認。不論是在麻將桌還是在商場上，一個不能確認對手的人，必然會導致失敗。

那麼，該怎樣確認自己的對手呢？

這就像在長跑隊伍中，跑在第五名的隊員如果同時把前面四個人看成自己的競爭對手，那麼這個人若不是傻瓜，便是犯了技術性錯誤。之所以這樣說，一是因為同時面對四個對手容易令自己喪失信心；二是因為這個人沒有注意不同階段的矛盾轉換，當他取代第四名的位置時應該可以和那個人結成聯盟共同對付第三名。所以，企業的對手永遠只有一個。

許多人可能會產生這樣的疑問：本企業產品的市場佔有率不如A企業，產品知名度比不上B企業，銷售額不如C企業，利潤不及D企業，售後服務不如E企業……

究竟誰是那個唯一的競爭對手？解決這個問題並不難，因為公司的目標總是有主有次的，當以擴大產品市場佔有率為主要目標時，就不要指望盈利水準也是一流的。這樣我們也會發現這裡講的競爭對手唯一性與前文中曾經講到的一個企業有許許多多競爭對手是不矛盾的。確定了一個競爭對手之後，接下來的工作便是瞭解這個對手。

首先有一些應當要瞭解但並不易收集的資訊，一定要去瞭解，如對手的銷售額、產品市場佔有率、利潤、現金流量、投資收益、生產能力、技術力量、投資計畫等等。

然而，不能因為輕視那些較易瞭解而且也相當重要的資訊：對手產品的價格及銷售網路、廣告支出和公眾的評價、對方員工的收入及心態，對方領導者的經歷及性格特徵等等。可以說，收集資訊是一項系統工程。事實上，建立一個收集資訊的系統，遠比收集資訊本身重要，這個系統便是競爭情報系統。

和通常人們可以想到的一樣，競爭情報系統必須有硬體——機構、人員、經費，也必須有軟體——情報分類、收集各種情報的不同方式、情報分析處理、系統內部運作規則。最讓人動心的也許是收集情報的方式、途徑，而對手情報的最合法來源是公開出版物或文件、會議。據說日本人曾經憑鐵人王進喜的一幅以大慶油田為背景的照片，分析出大慶油田的位置、出油量。在對手習以為常的事務中常常會有重要資訊，如從對手招募啟示中，能分析出對手的業務發展方向和企業效益。

經由對手的公關群體瞭解對手，是不太光彩但更為有效的方式。從對手員工的抱怨中和對手客戶的讚揚中，都應該而且可以發現許多名堂。實物證據是資訊的另一個來源，有些企業透過購買對手的垃圾，從中獵取商業情報。是的，也許對手的廢料或辦公室的廢紙中藏有令人意想不到的寶貝。商業間諜目前已經成了公司的祕密，和前面的方式相比，這才是最不光彩而最有效瞭解對手的方式。

需要提醒企業，你在千方百計瞭解對手時，也有人在千方百計地瞭解你。

4 做自己有興趣的事

大家都知道，世界上很多取得高成就的人，都是因為他們做了自己感興趣的事，並把它延伸成為自己的事業。

玩麻將也一樣，如果你對麻將沒有興趣，卻坐在了麻將桌上，結果就可想而知了。

當有人問起比爾．蓋茲成功的原因時，他十分興奮地說：「是興趣為我的人生打下了堅實的基礎，也是興趣為我的事業做了良好的準備。」

比爾．蓋茲從小就是一個聰明的孩子，在他十一歲的時候，數學和自然科學方面的知識已在同年齡人中遙遙領先，學校的課程無法滿足他求知的欲望。他的父母發現自己的孩子有著超群的才智，於是為他重新選擇了學校。

西雅圖的湖濱中學是一所專招男生的私立預科學校，同時也在當地頗有名氣。比爾．蓋茲在這所學校裡如魚得水，使他的天分真正得以發芽、生根、成長。

第二年，湖濱中學做出了一個具有重大意義的決定：讓有興趣的學生學習電腦。當時，「電腦」的售價高達數百萬美元，只有政府、大學和大公司才能買得起，儘管湖濱中學是一所很富有的私立學校，但對如此高的售價仍無法承受。

於是，學校決定先買一臺價格較便宜的電傳打字機，使用者可以在電傳打機字上輸入指令，讓它透過電話線與一臺PDP-10微型電腦聯網。比爾・蓋茲、保羅・艾倫和肯特・伊文斯是湖濱中學最早的一批電腦迷，他們對電腦可謂一見鍾情，一接觸到就終生愛上了它。

讓比爾・蓋茲終生難忘的是：一天，數學教師保羅・斯托克林帶學生們參觀電腦教室，他讓比爾・蓋茲試著在機上輸入幾條指令，這些指令的結果立即從PDP-10型電腦上傳回來了，比爾・蓋茲大為驚訝，而且感到了一種前所未有的興奮。

從那一天起，他就喜歡上了電腦，千方百計利用空餘時間就去電腦教室，不斷地在機上做著各種嘗試和練習。

那時，比爾・蓋茲也許做夢也不會想到：自己偏愛電腦的興趣，為以後的人生和事業打下了良好的基礎和準備。

在學校的電腦教室裡，比爾．蓋茲結識了保羅．艾倫和肯特．伊文斯，並結為莫逆之交。只要一有空閒，他們三人就會擠進這個小房間，互相學習，貪婪地汲取著電腦方面的各種知識。

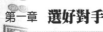

聰明好學的比爾．蓋茲，就是在學校的電腦教室裡編寫出了平生第一個電腦程式——一種叫「三連棋」的遊戲。他們在一個打字機式的鍵盤上輸入他們的棋路招法，然後坐在周圍等候一個速度很慢且噪音很大的印表機，把結果列印在一張紙上。接著，他們衝過去看是誰贏了，或是決定下一輪的走法。當然，他們的主要興趣不是在下棋的輸贏上，而在對電腦的熟練駕馭上。為此，他們將大部分午休時間耗費在這上面。過了不久，他們又編出了一個登月的遊戲，根據程式設定的規則，要求遊戲者在登月船因耗盡燃料而撞在月球表面之前，進行一次安全著陸。

這些程式全是用BASIC語言寫成的。BASIC語言是一九六四年在美國「全國科學基金會」的批准下，由兩名達特茅斯學院的教授推廣使用的，目的是使學生掌握一種簡便使用電腦的方法。軟體程式由年僅十三歲的比爾．蓋茲來編寫，雖然帶有遊戲性質，但卻是他真正地全心投入電腦革命的開始。在這種遊戲活動中，顯示了一個最基本的問題：即智慧和知識的結合。

由於比爾．蓋茲在學習程式設計上進步神速，且屢有創新，這得益於他良好的數學基礎和豐富的科學知識，他對構成電腦科學的數學基礎尤其感興趣。

後來，比爾．蓋茲在談到數學與電腦的關係時說：「很多著名的電腦專家都有深厚的數學功底，這有助於他們把握證明定理的純粹性。這種純粹性只能用確切而非含糊的語言來論述。在數學中，你不得不把定理用一種潛在的方式加以聯繫，你經常得證實能在更短時間裡解出一道題來。數學與電腦程式設計有著非常直接的關係。這一點也許在我心目中要遠遠勝過別人，因為這是我看問題的出發點，我想這兩者之間有一種很天然的聯繫。」

說起數學，比爾．蓋茲本人是一個數學方面的天才。在湖濱中學的數學水準測試中，他的成績總是名列全校第一。

比爾．蓋茲的天才在於他善於尋求解決問題的方法，而這種特長與思路開闊以及知識、經驗的豐富是分不開的。當時，擔任數學系主任的費雷德．賴特評價蓋茲說：「他能看出解答數學題或電腦問題的快捷方式，用最簡單的方法解數學題，他如同一位與我共事多年的數學家一樣優秀。」

這個披著一頭金髮的少年，電腦技術在湖濱中學首屈一指，連許多高年級學生都來向他請教，其中包括保羅．艾倫。艾倫比蓋茲高兩屆，他常向蓋茲挑戰。當他遇到難題時，就對蓋茲說：「嘿，我敢打賭你不會做這道題！」而爭強好勝的蓋茲就會設法證明他的話是錯誤的，不管這道題有多難。他們在這種挑戰和應戰中得以互相提高。

有一天，蓋茲和艾倫等幾個人在一起比賽：看誰能最快捷地解決電腦的問題。在競賽中，蓋茲每次都是優勝者，可是在關鍵的一次，伊文斯勝利了。就在那時，蓋茲萌發了一個新的想法，在他的倡議下，他和艾倫以及理查．韋蘭德、肯特．伊文斯一起，成立了「湖濱程式師小組」。

小組的宗旨，是要利用電腦在現實世界中尋找賺取商業利潤的機會。看似十分單純的這一想法，卻成了比爾．蓋茲日後大展鴻圖行動的指南。

5 在放棄中選擇

在玩麻將時，你手中的牌很糟，那麼就要放棄胡牌的念頭，這樣你就不會有什麼大的損失。放棄是每一個成功人士所具備的素質。一個懂得選擇懂得放棄的人，才能不迷失事業發展的方向，才能攀登事業輝煌的頂峰。

提起麥當勞，還應該提一下麥克與迪克兩兄弟，是他們首先開辦了這一事業，但是真正發揚光大的卻是克羅克。

在遇到克羅克之前，這兄弟倆十分糊塗，根本不知道「麥當勞」三個字的價值，缺乏遠見卓識，這正是他們失敗的原因所在。

一九五四年的一天，克羅克與麥氏兄弟正式達成了代理連鎖的協定，克羅克正式獲得了為麥當勞餐廳發展連鎖店的權利。

不久，麥當勞公司即正式掛牌了。他充分運用他的經驗開始創造獨特的連鎖哲學。

步入二十世紀六〇年代，麥當勞公司發展前景良好，但公司如何快速發展，已成為一個日益迫切的命題。

此時，一個不可避免的問題越來越清晰地出現在公司面前，這就是隨著公司連鎖店的發展，麥克兄弟對公司發展的阻礙作用也越來越明顯。

這一方面表現在麥克兄弟的思想保守和眼光短淺上，使得克羅克的連鎖哲學很難徹底發展；另外一方面，麥克兄弟根據合約拿走連鎖店0.5%的營業收入，也使得麥當勞的發展嚴重缺少資金而無法迅速壯大。

此時麥當勞公司內部的一致聲音是：麥克兄弟不離開，公司就無法再發展。

事實也的確如此，麥克兄弟的做法是與公司的經營方針背道而馳的。

有一次，麥克兄弟竟然在沒有通知克羅克的情況下，把克羅克投資興建的一家連鎖店，以五千美元的價格賣給了弗雷德霜淇淋公司。這樁買賣害得克羅克後來不得不以兩萬五千美元的價格從該公司手中買回權利。麥克兄弟甚至在他們自己經營的連鎖店裡改變了「麥當勞」的樣子。有的經營者隨意更改食譜，有的任意改變漢堡的品質。麥克兄弟還不時地到各地的連鎖店逛一逛，頤指氣使地亂來一通，幾乎亂了公司的陣腳。

面對這些情況，麥克兄弟既不道歉，也無任何內疚的表示。因為他們自始至終以為是他們的名字使克羅克獲得了成功。

克羅克想，公司要發展，就必須擺脫麥克兄弟的束縛，否則的話，公司就會步入歧途，它的美好前景就會毀於一旦。

他首先透過其他人間接打探，問麥克兄弟是否可以出讓麥當勞連鎖的契約權。麥克兄弟起初並沒有任何表示，既不肯定也不否定，顯然他們是想抬高價格，狠宰克羅克一把。

最後麥克兄弟開出了一個簡直是難以想像的高價，克羅克氣得臉色都變了。兩百七十萬美元的天價，無異於將人逼入絕境，而且他們要現金。對於一九六一年的麥當勞公司而言，那實在是一個天文數字。在一九六〇年已開業的兩百二十多家麥當勞連鎖店的營業額為3,780萬美元，麥克兄弟從中獲取的權利金為十八萬美元，而公司這一年的利潤僅為七萬多美元，並且還背負著沉重的債務負擔，公司的債務是本身資產的N倍。

經過克羅克及其同事們的艱苦努力，公司終於從多方面籌得了這筆兩百七十萬美元的現款。

儘管這是筆很大的代價，但在今天看來，這個決策所付出的高額代價非常值得。因為當時若不從麥克兄弟手裡接管全部權利，按現在整個公司一年近三百億美元的銷售額計算，每年就要支付麥克兄弟一千五百萬美元的權利金。更何況，若沒有這一決策，二十世紀九〇年代的麥當勞是否能成為速食界龍頭，恐怕就要另當別論了。

由此可以看出克羅克其人不同於其他人的高明之處。

總而言之，麥當勞在付出了慘重的代價之後，終於獲得了自由獨立，這樣克羅克可以放開手腳大幹一番事業了，兩百七十萬美元終於換來了麥當勞的騰飛。

四萬
三萬
二萬
一萬

第二章

想贏，就時刻準備著

玩麻將之前，準備工作是不可缺少的一個環節，這和做生意一樣，如果沒有做好準備工作，就不可能在激烈的競爭中走向成功。

1 有準備才有機遇

玩麻將時，每個人都是抱著贏錢的心理而來的，在商場上更是如此，沒有一個是抱著「賠錢」的心理而去角逐的。

有句大家都十分熟悉的名言，就是「機遇偏愛那些有準備的人」。分析當代中國名人成功的歷程，我們發現，他們之所以能夠獲得命運更多的青睞，之所以能在機遇來臨時牢牢地掌握命運，就是因為相較於他人，他們做了更漫長和充分的準備。

他們就像一顆顆種子，在黑暗的泥土中蓄積營養和能量，一旦聽到春風的呼喚，就會破土而出，生長成挺拔俊秀的棟樑之材。

這就很好地解釋了這樣一些問題。即：為什麼有的人總能得到比別人更多的機遇？為什麼面對同樣的機遇有人成功而有人卻失敗了？為什麼有些天資本來不好的人卻能得到命運的垂青，而某些天資甚佳者卻始終庸碌無為？為什麼成功者總顯得比別人幸運？……等等。

這些問題的回答可歸結為一句話，那就是：機遇只偏愛那些為了事業的成功做了最充分準備的人。

換句話說，只有在「萬事兼備」的情況下，東風才顯得珍貴和富有價值。

從某種意義上說，機遇是被人創造出來的，是人的主觀能動性和外界環境變化的客觀必然性的結合。主觀方面條件的增強會影響到客觀環境的變化，使好的機遇更容易產生。同樣，當一定的客觀機遇已經出現後，那些不斷在提高自身素質方面進行努力的人，則要較之常人更容易接近和抓住這些機遇。

許多名人就是創造機遇的高手，他們總是在努力，總是在奮鬥，開始時他們是在追尋機遇，而一旦當他們自身的實力累積到一定的程度時，機遇便會自動登門拜訪。而且，隨著他們自身才能的不斷提高，知名度的不斷增加，其所面臨的發展機遇也會相對地有質和量的提高。也就是說，沒有他們的這些主觀努力，就不會有這麼多的良好機遇。從這個角度看，機遇是那些有準備的人創造出來的，是對其努力的一種肯定和回

報。

如果機遇可被每個人輕而易舉地得到，那麼這種機遇便顯得不太有價值了。事實上，機遇往往是一種稀罕的、條件苛刻的社會資源，要得到它，必須要付出相當的代價和成本，必須具備足以勝任的資格，而這一切都離不開長期艱苦的準備。這就是機遇為什麼更偏愛有準備的人的原因。

我們還發現，雖然命運有時是不公正的，那些毫無準備的人卻獲得了某種機遇，但從長遠來看，這些人很少能有所建樹。而在我們視力所及的當代名人的成功史上，無不記載著他們為迎接機遇所做的種種準備。

當代名人的成功經歷在在都在告訴我們：真正的信念必須要經過時間的考驗，只有耐得住寂寞的人，才可能迎來生命中的黎明，才能最終抓住那改變命運的繩索。

2 準備好再行動

在麻將桌上，我們經常可以看見這樣的人，因為不瞭解麻將的知識，經常輸得很慘。這就是沒有準備好所帶來的後果。

所以，在這裡我們要說，無論你做什麼，心中事先都要有一個明確的目標，有了目標之後，不要急著行動，接下來就是十分必要的準備工作，如果在準備工作這個環節上做不好，那麼你心中的目標，就像天空上的星辰一樣，遙不可及。

所以，準備好再行動，是實現目標唯一的最佳途徑。

以下的幾個方面是你必須要做的：

一、專業化

無論你想做些什麼，想在哪一個領域實現自己的價值，你都必須讓自己具有本領域的相關知識，並且能將這些知識自由的發揮出來，實現自己本領域的專業化。因為只有

具備了相關的專業知識，你才能在這個領域內使自己的行動達到完美的程度，才能更好的發揮自己的執行能力，並取得成功。

二、預算時間和金錢

我們確立了自己要實現的目標，並且具有了要實現此目標的一切專業知識，那麼接下來要做的，就應該是估算自己的時間和金錢了。這就是一個支出計畫表，因為你的時間和金錢都是有限的。這個時候你要思考的問題，就是怎樣實現時間和金錢的利益最大化。也就是說我們怎樣用最少的時間和金錢，實現最大的效益，更好、更快地完成自己的目標。因而這個支出計畫表必須做得細緻而且務實，這對於我們自身目標的實現有著巨大的幫助。

三、對機會的警覺性

確立目標會使你對機會抱著高度的警覺性，並促使你抓住這些機會。

柏克是一位移民到美國、以寫作為生的作家，他在美國創立了一家以寫作短篇傳記為主的公司，並雇有六人。

有一天晚上，他在歌劇院發現，他們的節目表印製得非常差，也太大，使用起來非常不方便，而且一點吸引力也沒有。當時他就興起製作面積較小、使用方便、美觀，而且文字更吸引人的節目表的念頭。

於是第二天，他準備了一份自行設計的節目表樣本，給劇院經理過目，說他不但願意提供品質較佳的節目表，同時還願意免費提供，以便取得獨家印製權；而節目表中的廣告收入，足以彌補這些成本，並且還能獲利。

劇院經理同意使用他的新節目表。很快地，他們和所有城內的歌劇院都簽了約，這門生意欣欣向榮，最後他們還擴大營業項目，並且創辦了好幾份雜誌，而柏克也在此時成為《婦女家庭雜誌》的主編。

如果你能像發現別人的缺點一樣，快速地發現機會的話，那你就能很快成功。

四、決斷力

成功的人能迅速地做出決定，並且不會經常變更；而失敗的人做決定時往往很慢，且經常變更決定的內容。

記住：有98％的人從來沒有為一生中的重要目標做過決定；他們就是無法自行做主並且貫徹自己的決定。

而事先確定你的目標，將有助於做出正確的決定，因為你可隨時判斷所做的決定是否有利於目標的達成。

五、合作

確立目標可使你的言行和性格散發出一種信賴感，這種信賴感會吸引他人的注意，並促使他人與你合作。

那些無法決定自己重要目標的人，會受到那些自行做出決定的人的鼓舞，而那些少數已踏上成功之路的人，會辨認出誰才是成功之路的伴侶，並且願意幫助他們。

六、信心

確立目標的最大優點，就是它能使你敞開心胸接納「信心」這項特質，使你的心態變得積極，並使你脫離懷疑、沮喪、猶豫不決和拖延的束縛。

七、成功的意識

和信心關係密切的一項優點是成功意識，這個意識能使你的腦海裡充滿了成功的信念，並且拒絕接受任何失敗。

好幾年前，鹽湖城住了一位年輕人，他具有勤勞和節儉的美德，並因而獲得許多讚美。但他的一項舉動使他的朋友們都認為他瘋了：他從銀行領出他所有的存款，並到紐約參觀汽車展，回來時還買了一輛新車。

糟糕的是，當他回到家之後，便立刻把車停到車庫中，並將每個零件都拆卸下來，在檢視完每個零件之後，再把車子組裝回去。

那些旁觀的鄰居都認為他的行為實在太不正常了。而當他一再反覆做著拆卸、組裝的動作時，這些旁觀者就確定他瘋了。

這個人就是克萊斯勒，他的鄰居們不太瞭解隱藏在他瘋狂行為中的動機，他們從來都沒有聽過什麼確立目標，也無法理解成功意識對一個命運的舵手航向成功的重大影響力，也因為如此，沒有一家大公司或摩天大樓，是以他在鹽湖城鄰居之名而命名的。

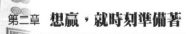

對不平凡者來說，他們首先應該想明白自己的目標，進而把那些不屬於自己該做的事排除掉。這樣一方面可以集中精力做好自己的事，另一方面也可以避免外來干擾。有許多人就是因為目標混亂，最後一事無成。

當你追求自己的需求時，很容易產生達到目標所需的能力與熱忱，另外還會產生自動調整的能力。

3 在磨練中走向成功

大家都知道，凡是那些麻將玩得非常好的人，並不是在一朝一夕中就成為「高手」，他們也是經過一段時間的磨練而成的。

大家都知道蒸汽機的發明人瓦特，他成功的經歷十分值得我們借鏡。

一七三六年瓦特在蘇格蘭克萊德河畔的格林諾克小鎮出生了，他的父親經營著一個製造、修理船用裝備和儀器的小作坊，母親出身於名門望族，是一個受過教育的女性。

也許是受家庭環境的影響，瓦特從小求知慾就很強，什麼事都想弄明白。他常常一個人在小作坊裡擺弄那些機械，那些東西就是他小時候最喜歡的玩具。

瓦特上小學的時候，總是沉默寡言，並不引人注意，他甚至一直被認為是一個「愚鈍不聰明的孩子」。直到他十三歲升到中學時，才漸漸顯露出他的才能來，數學老師常對他讚不絕口：「這孩子是數學天才。」

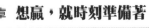

父親的作坊破產那一年，瓦特十七歲了。為了幫助父親，十七歲的瓦特跟父親商量，他準備到倫敦去學手藝，然後回來創辦一個生產數學用具的工廠。

父親看著十分懂事的瓦特，心情很激動，同意了瓦特的建議。於是瓦特來到了倫敦，不久，他便去拜有名的機械師約翰．摩爾根為師。在約翰．摩爾根的手下，瓦特非常刻苦的學習，本來要用七年才學會的技術，結果瓦特只用了四年的時間就學會了。

瓦特回到家鄉之後，準備和父親一起辦一家工廠來重振家業，但後來沒有能辦成，他只好到格拉斯哥大學裡去當一名儀器修理工。

來到了格拉斯哥大學後，他有機會接觸到了許多科學家。

有一天，瓦特在水房看著水蒸氣發呆的時候，一個戴著眼鏡的教授走了進來，教授看著眼前的這個年輕人說：「如果有空的話，你可以到我的實驗室來看看。」

瓦特就這樣和這位慧眼識珠的布萊特教授認識了。從此，瓦特便經常到布萊特教授那兒去，從中學到了很多科學理論，這一切都為他日後的發明打下了良好的基礎和準備。

後來，瓦特被學校派去修理一臺用於教學的紐科門蒸汽機，愛動腦的他，在修理過程中發現了紐科門蒸汽機的蒸汽缸非常小，但是爐子裡產生的蒸汽卻非常大，於是他把這個問題拿去向布萊特教授請教。

在布萊特教授的指點下，瓦特計算出了水變成蒸汽後體積就擴大了將近一千八百倍，根據計算結果，紐科門的蒸汽機完全可以把汽缸再製造大一些。

經過一段時間的努力，終於在一七八一年，瓦特發明了複動式蒸汽機和雙向通氣汽缸的蒸汽機。他這一發明使世界進入了「蒸汽時代」，並由此引發了世界上第一次技術革命。

4 性格決定你的輸贏

對每個人來說，你擁有了什麼樣的性格，也就擁有了什麼樣的命運。命運一詞雖然抽象，但它卻實實在在地影響著每一個人。

無論是在麻將桌還是在商場上，一個人的性格決定了你的成敗。

國際管理大師彼得．杜拉克，針對「性格決定命運」做過研究，他曾對企業第一代的「創業者」做了相當透徹的分析。

他認為，成功的企業家在性格和作為上，與公司步入正軌後的經營管理者有很大的不同。漢高祖在平定天下時，也曾有「馬上得天下，不能馬上治天下」的名言，這句話充分顯示了創業期與和平期的領導統治方法必須有所不同。

開創型的企業家，通常面對較多問題和變化多端的情勢，本身的條件則又比較脆弱而不穩固。因此，這些領導者性格上都會傾向寬容，以便集結更多人的力量，贏得競爭。

漢高祖、唐太宗、元太祖及宋太祖，都明顯屬於這種性格。

對許多公司領導者來說，公司步入正軌後，為了建立穩固的制度，也為了提升管理的效率，領導者在經營管理上必須保持相當程度的理性。

通常，穩定期的經營者都著重不制訂較固定的報酬、獎賞及懲罰，以形成企業成員能夠接受的規範，並以比較穩定的升遷管道及增加報酬，來增加向心力及自己的權威。

做為一個成功的創業者，最明顯的特色便是寬容及耐性，他比常人能容忍分歧的意見，在情勢混亂、競爭難分勝負時，表現得比一般人更冷靜。

成功創業者的另一個典型性格，就是生活簡單，儉樸到幾近於吝嗇的地步。過人的耐心，使他們對事情也看得比別人遠。為了未來，他們會去做較多的準備。

他們一般屬於「先天下之憂而憂，後天下之樂而樂」的人，工作認真，吃得了苦，比任何人都努力。

日本經營之神松下幸之助便曾經表示：「除非你的小便都變成紅色，否則不算真正努力工作過。」

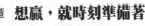

第三章

擺正心態

玩麻將時，既然你進入了角色，誰都想獲勝，而想獲勝，不僅要學會出牌，而且最重要的一個因素就是要有一個良好的心態。這和做生意一樣，如果沒有一個良好的心態，就很難取得成功。

1 別想一口吃成胖子

大家都知道，麻將中有大、小胡牌，如果你手中的牌只能小胡，就應該實事求是，切忌想一口吃成胖子。在生意上也是一樣，應該根據自己的能力，有一句諺語說得好：「路要一步步去走，飯要一口口去吃。」如果你是一個有抱負、有理想的人，就應該學會選擇用怎樣的方法去實現自己的人生目標，而那句諺語就是最好的提示。

人生目標不是馬上就能實現的，聰明的人會選擇把自己的目標分割成若干個小目標，然後逐一去實現，當所有的小目標實現了之後，當然就走到了最終目標，成為一個成功的人。

一九八四年，在東京國際馬拉松邀請賽中，名不見經傳的日本選手山田本一出人意料地奪得了世界冠軍。當記者問他如何取得如此驚人的成績時，他說了這麼一句話：「憑智慧戰勝對手。」

當時許多人都認為這個偶然跑到前面的矮個子選手是在故弄玄虛。馬拉松賽是體力和耐力的運動，只要身體素質好又有耐性，就有望奪冠，爆發力和速度都在其次，說用智慧取勝確實有點勉強。

兩年後，義大利國際馬拉松邀請賽在義大利北部的米蘭舉行，山田本一代表日本參加比賽。這一次，他又獲得了世界冠軍。

山田本一性情木訥，不善言談，回答的仍是上次那句話：「用智慧戰勝對手。」這回記者在報紙上沒再挖苦他，但對他所謂的智慧迷惑不解。

十年後，這個謎底終於被解開了。他在自傳中是這麼敘述的：

「每次比賽之前，我都要乘車把比賽的路線仔細地看一遍，並把沿途比較醒目的標誌畫下來，比如第一個標誌是銀行、第二個標誌是一棵大樹、第三個標誌是一棟紅房子……這樣一直畫到賽程的終點。比賽開始後，我就以百米的速度奮力地向第一個目標衝去，等到達第一個目標後，我又以同樣的速度向第二個目標衝去。四十多公里的賽程，就被我分解成這麼幾個小目標輕鬆地跑完了。起初，我並不懂這樣的道理，我把我的目標訂在四十多公里外終點線上的那面旗幟上，結果我跑到十幾公里時就疲憊不堪了，我被前面那段遙遠的路程給嚇倒了。」

同樣的故事也發生在雷斯的身上，而他與山田不同的是：他是在別人的引導下才感悟到其中的道理。

二十五歲的時候，雷斯因失業而挨餓，他白天就在馬路上亂走，目的只有一個，躲避房東討債。一天，他在42號街碰到著名歌唱家夏里賓先生。雷斯在失業前，曾經採訪過他。但是他沒想到的是，夏里賓竟然一眼就認出了他。

「很忙嗎？」他問雷斯。

雷斯含糊地回答了他，他想他看出了他的際遇。

「我住的旅館在第1帕號街，跟我一起走過去好不好？」

「走過去？但是，夏里賓先生，那個路口，可不近呢！」

「胡說，」夏里賓笑著說，「只有五個街口。」

雷斯不解。

「是的，我說的是第6號街的一家射擊遊藝場。」夏里賓說。

這話有些答非所問，但雷斯還是順從地跟他走了。

「現在，」到達射擊場時，夏里賓先生說，「只有十一個街口了。」

不一會兒，他們到了卡納奇劇院。「現在，只有五個街口就到動物園了。」

又走了十二個街口，他們在夏里賓先生的旅館停了下來。奇怪得很，雷斯並不覺得怎麼疲憊。

夏里賓解釋了為什麼他不疲憊的理由：「今天的走路，你可以常常記在心裡。這是生活藝術的一個教訓。你與你的目標無論有多遙遠的距離，都不要擔心，把你的精神集中在五個街口的距離，別讓那遙遠的未來令你煩悶。」

許多人做事之所以會半途而廢，並不是因為困難大，而是成功距離較遠，正是這種心理上的因素導致了失敗，把長距離分解成若干個短距離，逐一跨越它，就會輕鬆許多，而目標具體化可以讓你清楚當前該做什麼，怎樣能做得更好。

報紙上曾經報導一位擁有一百萬美元的富翁，原來卻是一位乞丐。

在我們心中難免懷疑：依靠人們施捨一分、一角的人，為何卻擁有如此鉅額的存款？事實上，這些存款當然並非憑空得來，而是由一點一點的小額存款累積而成。一分到十元、到千元、到萬元、到百萬，就這麼積聚而成。若想靠乞討很快存滿一百萬美元，那是幾乎不可能的。

聰明的人為了要達成主目標，常會設定「次目標」，這樣會比較容易地完成主目標。許多人會因目標過於遠大，或理想太崇高而無法長久持續而易於放棄，這是很可惜的。若設定了「次目標」，便可較快獲得令人滿意的成績。逐步完成每一個「次目標」，心理上的壓力也會隨之減小，主目標總有一天也能完成。

曾經有一位六十三歲的老人，從紐約市步行到了佛羅里達州的邁阿密市。在那兒，有位記者採訪了她。記者想知道，這路途中的艱難是否曾經嚇倒過她？她是如何鼓起勇氣，徒步旅行的？

老人答道：「走一步路是不需要勇氣的，我所做的就是這樣。我先走了一步，接著再走一步，然後再一步，我就到了這裡。」

是的，做任何事，只要你邁出了第一步，然後再一步步地走下去，就會逐漸靠近你的目的地。如果你知道你的具體目的地，而且向它邁出了第一步，你便走上了成功之路！

我們大多數人都聽說過，寫下自己目標的人比沒有寫下自己目標的人會更成功。

在目標設定方面，皮魯克斯主張採取小步驟進行活動，而不是邁開大步向前。他強調，每個人都應該有偉大而長遠的夢想和希望，然而，對於目標設定，他建議人們做一個不太成功的人，而不是過度成功的人，也就是說，採取初級步驟。

2 良好的心態是一種力量

在麻將桌上，我們會常常看見這樣的事情，本來某個人的牌很好，可是由於心態不好，結果他沒有胡牌。這樣的情況在商場上也經常出現，可見心態對人的影響是巨大的。

拿破崙．希爾曾經說過：「心態是命運的控制塔，心態決定我們人生的成敗。」心態像硬幣一樣具有兩面性，正面寫著積極心態，反面寫著消極心態。積極的心態讓人積極進取，會產生向上的力量；而消極心態卻讓人絕望，會帶來巨大的破壞力。

大家都知道具有天才藝術特質的荷蘭畫家梵谷，他之所以最後走上了令人惋惜的自殺之路，就和他後來的消極心態有關。

你可以控制自己的心靈，並經由心靈左右自己的命運，命運的優劣取決於你對自己的心靈下達的指示。人的一生中，有成功也難免有失敗，當你回憶往日的成功，也會獲得今天成功的信心；當你回憶往昔的失敗，你就會毀掉自己。沒有人會為你的失敗負責，因為失敗是你的消極心態造成的。

拿破崙．希爾博士對五百名偉大成功者的觀察和研究，發現了一個奧祕：每個人的心態都有一個法寶，它像硬幣一樣具有兩面性，正面寫著積極心態，反面寫著消極心態。這個法寶的力量令人吃驚，不是讓人積極進取，創造成功；就是令人絕望而平靜地生活，永遠沒有改變命運的機會。

令人略感寬慰的是：這兩種心態的力量都不會主動爆發，必須隨人的主觀願望來實施。因此，克服消極心態是可能的。辦法很簡單，就是永遠把法寶的正面翻出來，激勵自己去爭取成功。

積極的心態表現為一種必勝的信念。斯通舉例說，日本兵法經營學者大橋武夫早年曾經營一家生產手錶殼的小廠，在高度的競爭環境中，他十分自信地認為，他的企業一定能夠成功，絕不會被大企業打敗。

大橋十分推崇的一句名言是：「戰勝，始於將帥相信必勝；戰敗，生於將帥自認失敗。」他認為一個企業的領導者如果沒有勇敢的攻擊精神和必勝的信念，他絕不能做為一個經理。大橋自己說，他就是依靠了必勝的信念和攻擊精神，才度過了幾次大的波折，終於轉危為安。

一個人如果要像領袖那樣克敵致勝，就必須相信自己。如果要像領袖那樣自找苦吃，就必須相信自己的事業。只有自己相信自己，才能說服別人相信自己。

斯通指出：積極向上的心態是成功者最基本的要素。

記住！你認識到你自己的積極心態的那一天，也就是你將遇到最重要的人的那一天；而這個世界上最重要的人就是你自己！你的這種思想、這種精神、這種心理，就是你的法寶，你的力量。

斯通生於一九〇二年，童年時家在芝加哥南區，曾賣過報紙。斯通賣報時，有家餐館把他趕出來好幾次，但他還是一再地溜進去。那些客人見他這樣勇氣非凡，便勸阻餐館的人不要再踢他出去。結果他的屁股被踢得很痛，口袋卻裝滿了錢。這事不免令他深思：「哪一點我做對了呢？哪一點我做錯了呢？下次我該怎樣處理同樣的情形呢？」他一生中都在這樣地問自己。

斯通強調：積極的心態必是正確的心態。正確的心態總是具有「正面」的特點，例如：忠誠、仁愛、正直、希望、樂觀、勇敢、創造、慷慨、容忍、機智、親切和高度的通情達理。具有積極心態的人，總是懷著較高的目標，並不斷奮鬥，以達到自己的目標。

消極的心態則具有與積極的心態相反的特點。如果說，積極是人類最大的法寶，那麼，消極就是人類致命的弱點。如果不能克服這個致命的弱點，你將失去希望之所在，並失去希望之所由，你將悲傷、寂寞、煩躁、頹廢、痛苦，世界將因此毀滅。

不！我們不要這樣。我們雖有很多弱點，但不是弱者。當我們選擇了積極的心態，就會很快地擺脫消極心理的陰影，成為一個快樂的強者！

世界上最重要的人，就是「你」。你的成功、健康、幸福與財富依靠你如何應用你看不見的法寶。你將怎樣應用它呢？全由你自己選擇。

不要因為沒有成功，就責備這個世界不夠完美，這是可笑與可鄙的。你要像所有成

功者那樣發展自己，謀求不平凡的願望。

怎樣發展？把你的心放在你所想要的東西上，使你的心遠離你所不想要的東西，這樣才能讓自己真正不同凡響。

如果心態是一枚硬幣的兩面，就讓我們選擇「心態積極」的那一面，做為我們一生的指南。

3 要坦然面對失敗

玩麻將時，誰都會遇到這樣的情況：一圈下來，自己一把也沒胡牌。如果這時你不能很坦然地面對失敗，即時地調整好自己，就會一路輸下去。

麻將桌上如此，商場上亦然。

大家都知道中國股票大王張文軍的故事吧！二〇〇〇年他在上證B股市場抄了個大底，賺了好幾個漲停。

在他談到自己的炒股經驗時說：

第三次個人投資的失敗，使我懷疑當初的選擇是否正確，我是否適合這個行業，應不應該繼續做下去。也許我運氣並不是那樣壞，每一次陷入絕境都有朋友拉我一把。

此時一位做二級代理的朋友又讓我過去幫忙。

我去了以後，客戶的帳面虧損有了改善，他為了感謝我，把他母親的兩萬元期貨帳戶交給我做。我從姐姐那裡又借了五千元存入帳戶，共同承擔風險，收益也均分，並以五千元為風險上限。

我知道這可能是我最後的機會，因此我加倍勤奮，每天晚上都用一到兩個小時，對行情進行分析，對白天交易進行總結，並制訂第二天的交易計畫。當時真有點膽怯，就是不敢再輸，賺點小錢就快跑。

過了一段時間，帳戶再次虧損，個人資金從五千元賠到兩千元，我心裡非常害怕，有一種上了斷頭臺的感覺。記得那天是週五，我停止了交易，閉門思過，尋找失敗的原因。到下個星期一我突然有了感覺，三天的思過好像讓我悟出很多東西，自信的我又回來了，當天便淨賺七千元，一下子起死回生。緊接著在這個星期裡淨賺四萬多元，使帳戶資金達六萬五千元。我跟朋友說，你的資金賺了一倍，期市風險大，見好就收吧！他同意並撤出四萬元，剩下的兩萬五千元歸我，這是一九九五年初的事情。

我就用這兩萬五千元做本，幾年後賺到千萬元。

其間，我發現賺第一個十萬元非常艱難，用了我整整一年半的時間。之後用了半年的時間賺到一百萬，再之後，資金絕對值的增長就快了。

一九九九年中，我到北亞期貨開戶，當時公司成交量排一百名以外，半年後就躍居全國十六位，二〇〇〇年則躍居全國第二名，我個人成交量為全國第一，二〇〇一年個人成交量已突破三百萬。

4 克己，才能以柔克剛

無論是在麻將桌上還是在追求事業的過程中，都應該記住「兩強相爭勇者勝，兩勇相爭智者勝」的名言。而這句名言也的確堪稱經典，直到今天仍被上班族們視為法寶。而所謂的智者，應該就是能夠善於綿裡藏針、以柔克剛者。

只有這樣，你才能在麻將桌上或在你追求事業的過程中，成為最後的贏家。

這樣的人通常都有副好脾氣——不是天生的，而是修練的。孫子兵法中有一招叫「以柔克剛」，講的是要想制伏一個大發脾氣的人，再也沒有比「低聲下氣」更好的了。對方愈是發怒，我方愈應鎮定溫和；愈是緊張的場合，愈應保持冷靜的頭腦。唯其如此，才能發覺對方因興奮過度而顯出的種種弱點，進而攻破他、說服他。

同事之間，於公於私都不會有天大的原則性衝突，即使有矛盾、有爭議也純屬正常，完全沒必要爭個臉紅脖子粗，徹底撕破臉。脾氣人人都有，卻並非人人都可胡亂發，這不僅是個修養的問題，甚至還是個智商高低的問題。聰明的人不僅深知發脾氣是最愚蠢的解決問題方式，而且可以根據一個人在什麼情況下發脾氣的情形，來測定這個人的肚量和成就究竟有多大。綿裡藏針、以柔克剛往往是他們既避免爭吵，又達到目的典型策略。

班傑明．佛蘭克林是美國歷史上最偉大的人物之一，他在美國人心目中的威望甚至超過華盛頓。至今美國人民仍認為他是史上最能幹、最和善、最圓滑的政治家、外交家。談到如何控制脾氣，以柔克剛，佛蘭克林是這樣說的：

「我立下了一條規矩，絕不正面反對別人的意見，也不准自己太武斷。我甚至不准許自己在文字或語言上措辭太肯定。我不說『當然』、『無疑』等，而改用『我想』、『我假設』或『我想像』一件事該這樣或那樣；或者『目前在我看來是如此』。當別人陳述一件我不以為然的事時，我絕不立刻駁斥他，或立即指出他的錯誤。我會在回答的時候，表示在某些條件和情況下，他的意見沒有錯，但在目前這件事上，看來好像稍有不同等等。我很快就領會到改變態度的收穫，凡是我參與的談話，氣氛都融洽得多了。

我以謙虛的態度來表達自己的意見，不但容易被接受，更減少一些衝突；我發現自己有錯時，也沒有什麼難堪的場面，而我碰巧是對的時候，更能使對方不固執己見而贊同我。

我一開始採用這套方法時，確實覺得和我的本性相衝突，但久而久之就愈變愈容易，成為我的習慣了。也許五十年以來，沒有人聽我講過些什麼太武斷的話。我在正直品行支持下的這個習慣，是我在提出新法案或修改舊條文時，能得到同胞重視，並且在成為民眾協會的一員後，能具有相當影響力的重要原因。因為我並不善於辭令，更談不上雄辯，遣詞用字也很遲疑，還會說錯話；但一般說來，我的意見還是得到了廣泛的支持了。」

如果把佛蘭克林的話用在辦公室裡、商場上、同事之間又會如何呢？

凱薩琳．亞爾佛瑞德是一家紡紗廠的工業工程督導，她才華橫溢、雷厲風行，深得上司器重，只是由於過於自信且脾氣暴躁，經常與同事、下屬發生爭吵。而吵過之後她忘了，別人卻心裡始終很不痛快，私下為她取一個綽號叫「怒吼的母獅子」，令凱薩琳很委屈，也很苦惱。在閱讀了佛蘭克林那段自述後，她深受啟發，開始學著控制自己的脾氣，不再輕易與同事爭吵，哪怕明知自己是正確的。

以下便是她推薦給另外一個從事管理工作的朋友的心得：

「我的職責的一部分，是設計及保持各種激勵員工的辦法和標準，以使作業員能夠生產出更多的紗線，而她們也能賺到更多的錢。在我們只生產兩、三種不同紗線的時候，我們所用的辦法還很不錯，但是最近我們擴大產品項目和生產能量，以便生產十二種以上不同種類的紗線，原來的辦法便不能以作業員的工作量而給予她們合理的報酬，因此也就不能激勵她們增加生產量。我已經設計出了一個新的辦法，使我們能夠根據每一個作業員在任何一段時間裡所生產出來的紗線的等級，給予她適當的報酬。設計出這套新辦法之後，我參加了一個會議，決心要向廠裡的高級職員證明我的辦法是正確的。我詳細地說明他們過去用的辦法是錯誤的，並指出他們不能給予作業員公平待遇的地方，以及我為他們所準備的解決辦法。但是，我完全失敗了。我太忙於為我的新辦法辯護，而沒有留下讓他們能夠不失面子地承認老辦法上的錯誤的餘地，於是我的建議也就胎死腹中。」

「經過一番痛定思痛後，我深深地瞭解了所犯的錯誤。所以我請求召開另一次會議，而在這一次會議之中，我請他們提議最好的解決辦法。在適當的時候，我以低調的建議引導他們把辦法提出來。等到會議終止的時候，實際上也就等於是我把我的辦法提出來，而他們也熱烈地接受這個辦法。」

「我現在深信，如果你直率地指出一個人不對，不但得不到好的效果，而且會造成很大的損害。你指責別人無異於剝奪了別人的自尊，並且使自己成了一個不受歡迎的人。」

懂得以柔克剛的人，才是真正的智者。

5 不要同時追兩隻兔子

在麻將桌上最忌諱的就是「同時追兩隻兔子」的心態。因為這種心態會使你失去胡牌的機遇。

中國古人的智慧真的是很讓人折服，早在春秋戰國時期，偉大的先賢們就告訴我們「魚與熊掌不可兼得」這個道理，告訴我們目標和方向只能有一個，有捨才有得。

而我們可愛的獵人兄弟，也用他們自身的實際經歷告訴我們一個真理：當你遇到兩隻兔子的時候，不要同時去追牠們，只選擇其中的一隻追下去就可以了。那就是說我們要明確一個目標並為此而努力。

無論我們面對的是怎樣的誘惑、我們想要的是怎樣的結果，最後的最後我們只能選擇一個。就像是人生中面臨的分岔路，哪怕你留戀左邊的風景，愛上了右側道路的光潔與平坦，你所能做的也只是選擇其中的一條走下去，而不能同時選擇這兩條方向完全不同的道路。

也許在面臨選擇的時候，我們左右為難，沒有辦法捨棄任何一個自己想要擁有的東西，但是又沒有辦法同時得到，所以內心出現了巨大的矛盾，這就使得我們有些人的人生目標變得虛無縹緲，搖擺不定。

拿破崙．希爾說：「只有澄清自己的價值觀，才能找到準確的方向，獲得成功的動力。」一個人一旦知道了自己的價值觀後，就能更清楚地明白自己的作為，不至於像打獵總是失敗的那個人那樣：一下向東，一下又向西。

此外，知道別人的價值觀也是件重要的事，特別是那些跟你有密切關係或生意上有往來的人，因為當你瞭解了他們的價值觀，就等於掌握了他們的人生指南針，能看清他們的決定過程。

你一定要知道自己的價值體系是什麼，因為排在最上頭的那些價值才能夠把你帶到幸福的人生。

當然，要想知道這些最重要的價值觀，你就必須好好地把它們排列出來，然後每天的所做所為都得符合這些價值觀才行。如果你做不到，就必然得不到所想要的人生，甚至過得都是空虛且不幸福的日子。

安東尼．羅賓的女兒名叫裘莉，生活因為常常能符合她最高的價值觀，因而日子過得很快活。由於她很具藝術天分，是個天生從事演藝生涯的料，因此，在十六歲時便參加了迪士尼樂園的表演考試。在她的想法裡，認為只要錄取就可達到她「有成就」的這個價值觀。她真是不簡單，當場打敗了另外七百位角逐的女孩，贏得了出場「夜間遊行」的一紙合約。

當她得知這個消息時，興奮得不得了，羅賓和太太以及裘莉的朋友也為她高興，並以她為榮，心想今後可經常有機會在週末時去看她的表演。然而迪士尼樂園為她安排的表演非常緊湊，除了週末之外還包括每天晚上，而她的學校尚未放暑假。

為了這紙合約，她每天下課後得開三個小時的車程，從聖地牙哥來到洛杉磯的迪士尼樂園，然後排演並表演幾個小時，最後拖著疲累的身子再開兩個多小時的車，回到家時已是深夜。

第二天清早，她還得趕到學校上課，由於睡眠不足，她經常爬不起來。像這樣長時間的疲勞使得她苦不堪言，更別提表演時還得穿著笨重的戲服。可以想見，沒多久，她先前對那份工作的熱情便冷卻了下來。

更糟糕的是，就裘莉的角度來看，她認為這麼緊湊的生活步調對個人的私生活影響很大，使她沒有多餘的時間跟家人及朋友歡聚。

自從裘莉接了這份工作，羅賓發現她情緒低落的時間越來越頻繁，有時候連帽子不小心掉在地上都會使得她落淚，同時抱怨的次數也越來越多，這跟她先前給人的印象完全不同。

讓她終於受不了這份工作的原因，是有一次他們全家要到夏威夷去三個禮拜，由於她還得去迪士尼樂園工作而不能與大家同行，這一來終於讓她的堅忍崩潰了。

一天早上，她哭著來找羅賓，一臉的沮喪、不快和困惑，這副表情簡直讓人不敢相信，六個月前她還因為得到那紙合約而興奮莫名，誰想到現今迪士尼樂園的表演竟然會成為她的夢魘。

她會在這麼短的時間裡有這麼大的轉變，主要原因是在表演上花的時間太多，剝奪了她與家人和朋友共聚的機會。除此之外，由於裘莉過去經常協助羅賓的工作，從中獲得了很多有利於她成長的知識，如今卻因為迪士尼的表演而使她失去那些機會。

每一年從全國各地，甚至從世界各國來參加羅賓研討會的人成千上萬，跟這些朋友交往使裘莉的眼界擴大甚多，也成長甚多，那不是僅僅在迪士尼樂園表演上能得到的。能在迪士尼樂園表演是她長久以來的心願，因為那在她心中具有「成就感」，可是卻讓她無法參與協助羅賓的研討會，得不到更多成長的機會，為此她內心頗為矛盾，不知如何是好。

為了幫助她解開這個結，羅賓陪她坐了下來，請她靜下心好好把心中認為最重要的四個價值觀寫下來，結果她寫下的分別是：親情、健康、成長、成就感。

在瞭解了這個價值體系之後，羅賓覺得可以幫助她清楚地知道如何做一個決定，一個對她有幫助的決定。隨後羅賓便向她問道：「到底在迪士尼樂園表演能帶給妳什麼？這份工作對妳有何重要之處？」

她告訴羅賓，一開始她是非常高興能得到這份工作，因為那是個結交朋友的好機會，工作有趣並能得到掌聲，這讓她覺得頗有成就感。然而在做了半年之後，她不再覺得這份工作有什麼成就感可言，因為她覺得沒有什麼成長的機會，而且認為還有其他可以使她有成就感的事可做，甚至於成效更大。最後她頽然地說：「我覺得有些心力交瘁，不僅健康受到傷害，同時也喪失很多與家人共處的機會。」

聽她這麼一說，羅賓建議道：「如果妳是這麼想，那麼稍微做個改變，看看對妳會有什麼幫助。譬如妳辭去迪士尼樂園的工作，就可以多陪陪家人，甚至也可以一同去夏威夷，請問這對妳是否有意義呢？」

當羅賓說完這段話，她的臉頓時開朗起來，對羅賓嫣然一笑地說道：「好吧！就依你的建議，我很願意跟你們在一起，何況我還能有更多時間陪陪朋友。真高興能重獲自由，我得好好休息一下，然後積極運動運動身子，好恢復先前勻稱的身材。我想在學校裡也可以找到成長和有成就感的機會，就把成績始終維持在甲等當作我的目標吧！能丟掉困累我的包袱，真是高興！」

她的這些話清楚地說明了她的下一步要怎麼做，在此之前她的痛苦十分明顯，會造成這種結果，是因為在進入迪士尼樂園工作之前，她價值體系最高層面的三項分別是親情、健康和成長，不過當時她都已經擁有卻未放在心上，因而去追求更下一項的成就感，不過，這一來雖然使她得到了成就感，卻失去了親情、健康和成長，她先前最重視的三個價值。

所以，不管你選擇了什麼的目標做為自己人生的追求，一定要充分地認識自己，這樣你就不會做出同時去追兩隻兔子的傻事。

6 失去戰機的代價

大家都知道麻將桌上是瞬息萬變的，而在商場上，如果你沒有一個好的心態隨時地調整自己，就會造成不可收拾的結局。

因為世界所有的事物都是在不斷發展變化的，這是客觀規律，誰也無法對它加以改變。只有適應這種客觀存在的規律，你才能有所發展，否則就會被「罰出場外」。

對一個企業而言，如果在瞬息萬變的市場對自己所肩負的使命模糊不清，不僅無法實現企業的發展計畫，而且會為此付出巨大的代價。

因為成敗之間的差距，有時小到了極點：一個機會把握不好，就會出現盛衰之間的轉變。

美國吉列公司因遲遲沒有把自己的不銹鋼刀片投入市場，導致被競爭者搶先一步，遭受重大損失。

在一九六二年以前，吉列公司壟斷了美國的刮鬍刀市場。它生產的超級藍光刀片享譽全國，是其刀片系列中的核心，也是獲利最大的產品。這種刀片是用碳素鋼製成的，雖薄而鋒利，但很不耐用。

一九六一年，英國的不銹鋼刀片向美國推銷，因其使用次數多，受到美國顧客的青睞，但由於輸入數量不多，沒有造成對吉列公司的威脅，也就沒有引起吉列公司的注意。但一派繁榮景象背後，一場吉列發展史上最大的危機悄悄孕育著。

一九六一年，在刮鬍刀的製造工藝領域中，出現了一場劃時代意義的革命。在這一年裡，英國的威克遜公司，在世界上第一次用不銹鋼製造刮鬍刀獲得成功。這種不銹鋼刀片具有許多突出的特點：極富彈性，不易折斷，重量很輕等等，然而最重要的一點是它成本極低，而且又可以連續使用多次。

威克遜公司推出不銹鋼刀片後，首先在英國立即引起轟動，銷量直線上升，到一九六二年，就完全佔領了英國市場，與此同時，吉列刀片公司的老對手——美國精銳公司和安全刮鬍刀公司，敏銳地洞察到這個千載難逢的機會，隨即於一九六三年初，把自己的不銹鋼刀片推向市場。一時間，不銹鋼刀片在美國市場上聲名鵲起，很多吉列的忠實消費者也開始轉向不銹鋼刀片。

不銹鋼刀片的異軍突起，給吉列拉響了警報。顯然，不銹鋼刀片市場佔有率的不斷擴大，嚴重影響了吉列的市場地位。此時，吉列有兩種選擇：

1、立即推出自己的不銹鋼刀片，這樣可以使吉列已有的大部分市場不被侵佔，而且不用花多大的促銷費用，但這樣做將會對「超級藍光」的市場造成強烈衝擊，甚至放棄「超級藍光」，因而需要很大的決心和勇氣。

2、對不銹鋼刀片不予理會，調動一切方法，加強對「超級藍光」刀片的促銷，以保住甚至擴大自己的市場佔有率。這樣對吉列來說，是駕輕就熟，無需太多氣力，但意味著在不銹鋼刀片市場上有可能陷入被動。

吉列經過分析決策，認為「超級藍光」碳鋼刀片與不銹鋼刀片相比，存在兩方面的突出優勢：

其一，「超級藍光」碳鋼刀片的品質優異，並且很穩定，而不銹鋼刀片剛剛問世，

品質水準不夠穩定。

其二，不銹鋼刀片的目標消費者是中、低收入者，而「超級藍光」碳鋼刀片主要對象是高消費者。

在經過這番分析後，他們認定：從長遠看，碳鋼刀片將和不銹鋼刀片井水不犯河水，「超級藍光」的市場地位不會動搖。因此，犯不著「杞人憂天」，於是，他們最後採取了第二種決策，先不理會不銹鋼刀片，全力鞏固自己「超級藍光」的市場地位。

然而事實證明，這是一個極端錯誤的決策。經調查發現，如果不銹鋼刀片能連續使用八次，而刀口不鈍，一般消費者就會選擇不銹鋼刀片，而一般不銹鋼刀片的使用次數均在十五次以上。因此，不銹鋼刀片的推廣，將碳鋼刀片的大部分顧客搶過去。

在吉列的決策做出後不久，事態的發展便急轉直下，令吉列的決策者們瞠目結舌。不銹鋼刀片在市場上的攻勢空前兇猛，安全刮鬍刀公司和精銳公司，充分利用吉列無動於衷的大好機會，增加促銷費用，大力宣傳不銹鋼刀片的經久耐用，物美價廉，使不銹鋼刀片的銷售不斷升溫。在強大的促銷攻勢下，吉列的新、舊顧客紛紛叛離，投入了不銹鋼刀片的懷抱。吉列的碳鋼刀片銷量不斷減少，市場佔有率降至吉列有史以來的最低點。

至此，吉列的決策者們方才認識到問題的嚴重性。於是，急速動員公司各級力量，於一九六三年秋向市場推出了自己的不銹鋼刀片。

然而，亡羊補牢，為時已晚！吉列公司推出不銹鋼刀片比精銳公司和安全刮鬍刀公司，整整晚了六個月。但就是這六個月，使吉列失去了進入市場的最寶貴時機。

一九六三、一九六四兩年，吉列公司在市場上佔有率，從原來的70％降到50％；利潤也下降了一成之多，投資報酬率從40％降到不足30％，而且難以恢復。

如今，三十多年過去了，在這期間，世界刮鬍刀片市場上龍爭虎鬥，幾經沉浮，雖然吉列還是牢牢佔據了市場的霸主地位，但它對那段慘痛的教訓，一直銘刻在心。

7 採取行動要專心

麻將桌上如果你不專心出牌，就沒有胡牌的希望，同樣的道理，在商場上，如果你採取了行動，而不去認真對待，勢必被對手打敗。

大家都知道，在我們的一生中，誰也不可能同時完成幾件事，這是因為一個人的精力是有限的，把精力分散在好幾件事情上，不是明智的選擇，而是不切實際的考量。

在這裡，我們提出「一件事原則」，即以持之以恆的精神去做好一件事，就能有所收益，能突破人生困境。這樣做的好處是，不至於因為一下想做太多的事，反而一件事都做不好，結果兩手空空。

想成大事者，不能把精力同時集中於幾件事上，只能關注其中之一。也就是說，我們不能因為從事分外工作而分散了我們的精力。

如果大多數人集中精力，把行動專注地放在一項工作上，他們都能把這項工作做得很好。

在對一百多位在其本行業獲得傑出成就的男、女人士的商業哲學觀點進行分析之後，卡內基發現了這個事實：他們每個人都具有專心致志和明確果斷的優點。

做事有明確的目標，不僅說明你有能夠迅速做出決定的習慣，還說明你把全部的注意力集中在一項工作上，直到完成了這項工做為止。

能成大事者的商人都是能夠迅速而果斷做出決定並採取行動的人，他們總是先確定一個明確的目標，並集中精力、以持之以恆的精神朝這個目標努力。

伍爾沃斯的目標是要在全國各地設立一連串的「廉價連鎖商店」，於是他把全部精力花在這件工作上，最後終於完成了此項目標，而這項目標也使他獲得了巨大成就。

林肯專心致力於解放黑奴，並因此成為美國最偉大的總統。

李斯特在聽過一次演說後，內心充滿了成為一名偉大律師的欲望，他把一切心力專注於這項工作，結果成為美國最偉大的律師之一。

伊斯特曼致力於生產柯達相機，這為他賺進了數不清的金錢，也為全球數百萬人帶

來無比的樂趣。

海倫・凱勒專注於學習說話，因此，儘管她又聾又啞又失明，但她還是實現了她的明確目標。

由以上種種例子可以看出，所有成大事者，都把某種明確而特殊的目標當作他們努力的主要推動力。

專心就是把意識集中在某一個特定欲望上的行為，並要一直集中到已經找出實現這項欲望的方法，而且堅決地將之付諸實際行動。

自信心和欲望是構成成大事者的「專心」行為的主要因素。沒有這些因素，專心致志的神奇力量將毫無用處。為什麼只有很少數的人能夠擁有這種神奇的力量，其主要原因是大多數人缺乏自信心，而且沒有什麼特別的欲望。

對於任何東西，你都可以渴望得到，而且，只要你的需求合乎理性，並且十分熱烈，那麼，「專心」這種力量將會幫助你得到它。

假設你準備成為一位偉大的作家、一位傑出的演說家、一位成功的商界主管，或是一位能力高超的金融家。那麼你最好在每天就寢前及起床後，花上十分鐘，把你的思想集中在這項願望上，以決定應該如何進行，這樣才有可能把它變成事實。

當你要專心致志地集中思緒時，就應該把你的眼光投向一年、三年、五年甚至十年後，幻想你自己是這個時代最有力量的演說家；假設你擁有相當不錯的收入；假想你利用演說的報酬購買了自己的房子；幻想你在銀行裡有一筆數目可觀的存款，準備將來退休養老之用；想像你自己是位極有影響力的人物；假想你自己正從事一項永遠不用害怕失去地位的工作……唯有專注於這些想像，才有可能付出努力、美夢成真。

一次只專心地做一件事，全心地投入並積極地希望它成功，這樣你的心裡就不會感到精疲力竭。不要讓你的思維轉到別的事情、別的需要或別的想法上去。專心於你已經決定去做的那個重要項目，放棄其他所有的事。

把你需要做的事想像成是一大排抽屜中的一個小抽屜。你的工作只是一次拉開一個抽屜，令人滿意地完成抽屜內的工作，然後將抽屜推回去。不要總想著所有的抽屜，而要將精力集中於你已經打開的那個抽屜。一旦你把一個抽屜推回去了，就不要再去想它。

瞭解你在每次任務中所需負擔的責任，瞭解你的極限。如果你把自己弄得精疲力竭，那你就是在浪費你的效率、健康和快樂。先選擇最重要的事去做，把其他的事放在一旁。做得少一點，做得好一點，才能在工作中得到更多的快樂。

可以看出，專心的力量是多麼神奇！在激烈的競爭中，如果你能朝一個目標集中注意力，並以持之以恆的精神採取行動，成功的機會將大大增加。

8 行動要果斷

在玩麻將時，當你抓完牌後，根據自己的牌決定了胡大、胡小，決定了之後，要馬上付諸行動，千萬不可猶豫，如果猶豫就會失去戰機。

在你的人生道路上，如果你想在事業取得長足的發展，就要善於抓住機遇、善於採取果斷的行動。這是因為機遇與財富之間的橋樑就是行動，只有善於行動，才能將捕捉到的機遇迅速轉化為財富。

但是，實際上許多人卻習慣於紙上談兵，而行動能力極差。在對待機遇與行動問題上，他們認為「知難行易」，只要認識到機遇，捕捉到機遇，就可以轉化為財富了。其實這種觀點是片面的，或者是不正確的。成功的企業家之所以成功，就在於他們不僅善於認識機遇，善於捕捉機遇、把握機遇，更在於他們的行動能力極強，善於迅速地將機遇轉化為財富。可以這樣說，善於行動是獲得成功的關鍵步驟之一。

那麼，在捕捉機遇並將其轉化為財富時，應當遵循哪些原則呢？

一、要搶先行動

面對市場競爭，一個企業僅僅依靠良好的商品品質和優質的服務是遠遠不夠的，還必須有先知先覺的獨到眼光，有即知即行的勇氣和魄力。俗話說，先人一步市場寬，遲人一步市場窄。舉凡卓有成效的企業家，他們都善於即知即行，搶先出擊，從不拖延，貽誤良機。兵貴神速，做生意亦同此理。

二、要獨樹一幟

在激烈的市場競爭中，一旦抓住了市場機遇，應當獨樹一幟，努力創造出自己的特色來。步步領先，招招出奇，這是保持競爭優勢的最佳戰略。

三、操作縝密

市場機遇和市場風險是一對孿生兄弟，機遇與風險總是共生、並存的。因此，在轉化機遇的行動中，一定要科學論證，正確決策，步步為營，絲絲入扣，嚴謹、縝密，做到滴水不漏，絕無差池。否則，一旦在操作營運中出現紕漏和偏差失誤，極有可能損失慘重，甚至一敗塗地，前功盡棄。俗話說，一招不慎，全盤皆輸。在轉化機遇的時候，萬萬不可大意。

9 出好你的每一張牌

玩麻將，牌需要一張張認真地出，這樣才有機會胡牌。在生意上也是一樣，如果你不認真「出好牌」，帶來的後果會非常嚴重。

在我們生活的周圍，經常會看見一些這樣的人：他們對生活和自己的人生不是沒有追求和夢想。他們一談論起自己所謂的人生目標，簡直頭頭是道，句句有理，可是最終他們卻是一事無成。這是為什麼呢？

當真正瞭解他們之後就會發現：原來他們沒有認真地走好人生的每一步。

成功者並不是那些嘴上說得天花亂墜的人，而是一些腳踏實地、認認真真地去追求自己人生夢想的人。

如果想實現自己的人生追求，就必須相信：無論做什麼事情，只停留在想法上是不夠的，關鍵要落實在行動上。

誇誇其談、譁眾取寵而不注重實幹的人最令人反感，成功也永遠不會光顧這種華而不實、只說不幹的人。

皮魯克斯說：「最大的成功者並不是那些嘴上說得天花亂墜的人，而是那些在人生的道路上始終以認真的態度去完成事業的人。」

第二次世界大戰中三巨頭之一邱吉爾，平均每天工作十七個小時，還使得十位祕書也整日忙得團團轉。為了提高的政府機構的工作效率，邱吉爾還制訂了一種體制，他給那些行動遲緩的官員們的手杖上，都貼上一張「即日行動起來」的籤條。

正是由於他對工作的認真態度，才使他成為了一位優秀的領導者。

今天最有潛力、最有價值，只有今天，才能揭示人生的意義，只有今天，才能描繪意想中「明天」的畫卷。

「努力請從今日始」應該成為我們的行動格言，應該用智慧挖掘今天的寶藏，用汗水開發今天的生活。「努力請從今日始」不僅是人才成功之道，而且是任何有作為的人在不同的領域有所建樹的重要條件。

有這樣一個故事：

一位青年畫家把自己的作品拿給大畫家柯羅指教。柯羅指出了幾處他不滿意的地方。

「謝謝您，」青年畫家說，「明天我全部修改。」

柯羅激動地問：「為什麼要明天？您想明天才改嗎？要是你今晚就死了呢？」

努力請從今日始，不要想著明天再補。

許多人也知道時間珍貴，但總是抓不住，這是什麼原因？

一個重要的原因是這些人往往只寄希望於「明天」，對自己本來要做的事不認真負責，拖拖拉拉，以至錯過了人生的大好時光。

皮魯克斯說：「最好不是在夕陽西下的時候幻想什麼，而是在旭日初升的時候即投入工作。」

第四章

定位要準確

在麻將桌上，當你抓完牌後，首先要根據自己的牌決定要胡什麼，這是很重要的，因為如果你已經出了七、八張，都還沒有給自己定位要胡什麼牌，就會失去胡牌的機會。所以定位無論在麻將桌上或在商場上，都是至關重要的一個環節。

1 定位是發展的基礎

那些麻將桌上的高手，都會根據手中的牌，準確地定位出自己應該大胡還是小胡。這和商場上那些成功的人物所運用「定位」方法是相同的。

比爾．蓋茲之所以創造了一個財富「神話」，在於他在創業之初就知道：只有把一個企業定位在一個遠大目標上，這個企業才能有長遠的生命力。

為了實現公司的發展，他一開始就打出了與強者聯盟這張牌，因為這樣才能使自己變得更加強大。所以，他自始至終願意跟任何有助於自身成長的個人及公司合作。

一九八〇年八月的一天，IBM公司有人打了通電話給比爾．蓋茲，說有兩個人希望會見他，請他安排一個時間。比爾．蓋茲不以為意，以為不過是一件普通的生意洽談，因為之前IBM公司曾與他商量過購買軟體的事。他這天剛好有個約會，便告訴來電話的人，說會晤是可以的，但只能訂在下週。對方卻沒有理睬他的話，只是說，這兩個人是IBM公司的特使，兩個小時後就將飛到西雅圖。

比爾．蓋茲做夢也沒有想到，大名鼎鼎的IBM公司的人會派特使主動來訪。他馬上意識到事關重大，於是毫不猶豫地取消了原來的約會，打起精神準備迎接IBM公司的特使。

IBM公司，創建於一九一一年，二十世紀二〇年代，它是最大的時鐘製造商，後來又研製電動打字機並獨霸市場。從一九五一年起，這家公司開始經營電腦。到七〇年代，它控制了美國60％的電腦市場和大部分歐洲市場。由於這家公司數以千計的經營人員身著藍色制服出沒於世界各地，所以被人稱為「藍色巨人」。

到一九八〇年，IBM公司已有三十四萬員工，在電腦硬體製造方面獨佔鰲頭，佔據了80％以上的大型電腦市場。而且他們的軟體也一向自行設計，不依賴軟體設計公司。這也是比爾．蓋茲對IBM公司沒有多大興趣的原因。

那麼，IBM公司為什麼派特使「下顧」微軟這家小公司呢？原來，IBM公司一向致力於發展大型電腦，對微型個人電腦不屑一顧。當微型電腦市場呈現蓬勃之勢時，IBM公司才意識到犯了一個大錯誤。為了迎頭趕上，公司決策層打算收買發展潛力最佳的蘋果公司。然而蘋果公司正在走鴻運，並沒有出售的打算。

於是，IBM公司決定實行「象棋計畫」，組成一個委員會，專門負責開發自己的個人

電腦。委員會的成員詳細研究了蘋果公司及其他一些公司在這一領域領先一步的經驗，得出兩個結論：一是鼓勵和支持那些獨立的軟體開發公司，讓它們大量開發軟體；一是建立起一個公開的結構，帶動一大批軟體公司發展。委員會決定照這條路走，這等於改變了IBM公司過去一切「自力更生」的傳統。為了日後的宣傳造勢，這個委員會決定與其他公司祕密合作，以取得一鳴驚人的轟動性。

這個委員會發現微軟公司在眾多軟體公司中特別引人注目，該公司包括BASIC在內的幾個基本軟體，已經在微型電腦領域成為標準，它的產品銷售量每年都要翻一番，顯示了很強的發展前景。因此，該委員會決定和微軟公司接觸。

雖然比爾．蓋茲對那通電話的確切意義還猜不透，但知道肯定是一件大事。為穩妥起見，他找史蒂夫．巴爾默一起來商量。巴爾默也猜不透IBM公司的用意何在，但他也同樣認為，對IBM特使的到來，應該認真地對待。

會晤那天，他們穿得整整齊齊，這種情況在微軟公司實在是不常見。在這裡，人們一慣的裝束是圓領衫、休閒褲和NIKE運動鞋。也許是沒穿慣西裝的緣故，比爾．蓋茲的西裝很不合適，也沒有派頭。所以一開始，IBM的特使薩姆斯和哈靈頓還以為比爾．蓋茲不過是微軟公司的一個辦事員。

但是很快他們就改觀了，他們認為比爾．蓋茲是他們所見過的最了不起、最聰明的人。這就叫做「行家一出手，便知有沒有」。

巴爾默也參加了那天的會談。在會談之前，他們被要求先在IBM公司協議上簽字。協議規定任何一方都不得洩露專利信息和與IBM合作的祕密，但可以自由地披露討論中沒有限制的內容。

為了保密，薩姆斯和哈靈頓並未透露IBM的「象棋計畫」，只是暗示IBM正在考慮某種專案，可能是和另一種電腦一樣的插入式卡，還說這是一個緊急任務。

薩姆斯掌握了許多微軟公司的情報，但他沒想到微軟公司已經有了四十名員工和一個很不錯的辦公室。他掌握的是微軟公司幾個月前的情況，的確想不到這家小公司的發展會這麼快。薩姆斯相信微軟公司能夠成功地為IBM寫出軟體來。但能否按IBM提出的日子交貨，他還是有些擔心。薩姆斯對安全問題尤其擔心，在他看來，以比爾．蓋茲一夥人的本事，很容易偷竊一、兩個IBM技術，為此，他要求比爾．蓋茲必須減少這方面的危險。

薩姆斯和哈靈頓返回IBM時，對微軟公司已有了底，他們確信這夥年輕人的確是能幹大事的人。

比爾．蓋茲對IBM公司的主動合作既驚訝又驚喜，這是美國電腦市場上最大的一家客戶，一個小小的軟體公司能夠與它談成生意，真是一件了不得的事。再看IBM，果然與眾不同，不論是經濟實力、技術實力、管理水準還是市場形象，無一不顯示出一派大家風度。只不過，合作項目到底是什麼，比爾．蓋茲還猜不透，因為IBM公司的特使沒有說明。

一九八〇年八月十六日，IBM公司終於確定該合作項目是開發8088晶片。之前，IBM公司還給微軟公司送來三頁正式文件，上面詳細說明了微軟公司應履行有關保密責任的臨時條款。

內容裡說，對於IBM的機密消息，微軟公司不得洩露給協力廠商，同時必須採取防止洩密的措施；IBM可以在不預先通知微軟公司的情況下，隨時檢查微軟公司履行保密責任的情況。此外，該協議還規定，IBM不願意接受微軟公司方面的機密資訊，因此也不負保密責任。

這個臨時條款，使IBM立於不敗之地，而微軟公司卻喪失了很多權利，稍有閃失，將付出很大的代價。如果微軟公司不慎洩露了IBM公司的祕密，將承擔法律責任；而微軟公司的祕密為IBM公司所用，連官司也無法打。

儘管比爾．蓋茲知道這是一個「不平等的條約」，還是爽快地簽了字。因為他知道，除非他不想與IBM公司做生意，否則就沒有討價還價的餘地。

雖說IBM與微軟簽訂的條約被認為是「不平等條約」。但是，即使是「不平等條約」，這也是得之不易的。

自從簽訂了這一「不平等條約」之後，微軟開始漸露王者之氣，之後，微軟頻頻與IBM、蘋果等大公司合作。

因為，比爾．蓋茲深知，只有靠和強者合作才是微軟走向成功的快捷方式。也正因為他把自己公司的使命定位於一個遠大的目標上，才使微軟創建了一個令人矚目的「王國」。

2 重新定位很重要

在麻將桌上，有些玩家贏了幾次後，卻不知道接下來該怎麼玩了，這就像許多企業家一樣，在企業發展到一定的程度後，也不知「怎麼玩」了，這就需要給自己的企業重新把脈，重新定位。因為只有這樣才能使自己的企業，在激烈競爭中佔有自己的一席之地。

下面萬寶路的成功之路，會給我們很好的啟示。

第一次世界大戰把西方世界「人道、和平、博愛」的價值觀碾得粉碎，使很多人失去了精神追求，他們成天心情沮喪，醉生夢死，逃避現實。

在當時的美國，嘴上叼著香菸幾乎成為戰後年輕人表達沮喪的一種流行方式，包括很多女青年。我們知道，香菸歷來是男士們的專利品，尤其是後勁十足的雪茄，並不是一個紅粉女郎享受得了的。

開發女士香菸被莫利普·莫里斯公司認為是一個千載難逢的機會，他們決心從女士的腰包裡大撈一筆。

很快地，人們在各種媒體上頻頻地看到這樣的廣告；嬌麗的女郎叼著香菸吞雲吐霧。

有幸被叼在她們嘴上的，就是莫利普·莫里斯公司的傑作：萬寶路香菸。那些廣告花了不少錢。公司裡很多人為此感到不安，但經營層信心十足：「大家不要擔心，不出一年，萬寶路一定會打開市場，到時候我們數錢還來不及哩！」

但事實上呢？

一年，兩年，十年，二十年，萬寶路的包裝換了好幾回，廣告中的紅粉佳人也換得更加靚麗，但不知道為什麼，經營者們心目中的熱銷場面始終未曾出現。

這是為什麼呢？

是品質不好嗎？萬寶路在製作過程中，從選料到加工，始終把好品質關，選取優質的菸草，精心處理，萬寶路是不折不扣的高品味香菸啊！絕對不會辜負女士們的紅唇。

是價格太高嗎？在美國國內的香菸市場上，萬寶路的價格，對大多數菸民來說都是可以接受的。

是宣傳不到位嗎？公司每年投入大量的鈔票用於廣告宣傳，在同行業中廣告費用支出已遙遙領先了。

在差不多二十年時間裡，莫利普・莫里斯公司的高層管理者們，一直在苦苦思索著萬寶路受冷落的原因。二十年可不是一小段時間，很多企業整個壽命還不到這個數字。

二十年後的一天，公司一位高層管理人員極其偶然地閃過一個念頭：「是不是市場定位出現了問題呢？」

他們立即請了廣告企劃專家來為萬寶路把脈。一番望、聞、問、切後，專家也認為是定位出了問題，他指出，應該拋棄堅持了二十年的廣告定位，另起爐灶。一個宣傳了二十年的品牌要割捨，肯定是一件痛苦的事情，感情不說，僅鈔票就讓人心痛不已。

但為了走出二十年的低谷，公司經營層同意了專家的意見。

一個全新而又無比大膽的創意誕生了：以富有陽剛之氣的美國男子漢形象來代替原

來的嬌俏女士。廣告公司費了很大工夫，在西部一個偏僻的農場找到一個「最富男子漢氣質」的牛仔，並讓他擔任萬寶路廣告主角。

新廣告於一九五四年推出，一問世即引起了菸民的狂熱躁動。他們爭相購買萬寶路，叼在嘴上或夾在指尖，模仿那個硬漢的風格。萬寶路的銷售額也直線上升，新廣告推出後的第一年，銷售額就提高了三倍，一舉成為全美十大香菸品牌之一。

莫利普．莫里斯公司最初只是一家小菸草商店，一八四七年成立於倫敦邦德大街，經過三十年的努力，發展成一家小型菸草製造公司。一九二四年，公司遷往美國里士滿市。它真正大步前進，是在萬寶路由女士香菸轉型為男士香菸之後，並且依靠這一轉型成為世界香菸銷量第一的跨國公司。

方向錯了，再怎麼努力都無濟於事，這是萬寶路用教訓換來的。

在很多經營者心目中，都存在「再走一步看看」的想法，方向錯了，再走一步豈不是錯得更離譜？

如果老是不能扭轉局面，就不要再侷限於小修小補了，而要從根本上去解決問題，比如從源頭開始審視問題，重新定位。

3 樹立良好的形象

大家都知道麻將是一種遊戲，是遊戲就有它的規則，如果一個人在麻將桌上的行為不好，別人怎麼還會與他一起玩呢？如果你是一個企業家，沒有樹立起一個良好的形象，就不可能領導好自己的團隊，更談不上在激烈競爭的商場上取得自己的一席之地了。

其實，一個聰明的企業家，會以樹立一個良好的形象來為企業定位。

企業形象的樹立，源於企業文化的形成，當一個企業的文化成功地存在於企業內部人員的心中時，你的企業形象也就樹立了。企業領導者在樹立企業形象之前，更要先樹立起自己的良好形象，這樣才能得到下屬的信任和擁護，整個團體才能在競爭中拔得頭籌。

英國軍事史學家約翰・基甘認為像亞歷山大大帝和尤利西斯・格蘭特這樣的大指揮

官，都具備了一個管理者所應該具備的基本素質：關心軍隊並讓部隊的每一個人意識到這一點；確立部隊的目標，並為之努力；獎懲分明；知曉最好的作戰時機；他們與部隊共進退。

現在看來，這是一套非常好的管理體系，也是非常值得管理者借鏡的方法：

一、關心你的下屬並讓每個人都知道

俗語說「得人心者得天下」，古語也有「天時、地利、人和」三者皆具方可取勝這一說法。可見，讓他人擁護的重要作用。三國時期的蜀國，建立之初其實也只是依賴於領導者劉備對下屬的關心和愛護，具有了成大事者需要具備的最重要因素「人和」，才使得本來實力並不強大的他們卻可以在戰亂中立足並建國。

在關心下屬的時候，我們要做的其實也許只是很小的事情，這一點Google公司做得十分到位與細緻。公司管理者布林將「免費」視為公司文化的一部分：員工用餐、健身、按摩、洗衣、洗澡、看病都百分百免費；公司給員工最基本的電腦配備都是十七吋的液晶顯示器；每層樓都有一個咖啡廳，可以隨時沖咖啡、吃點心，大冰箱裡有各種飲料，免費取用。布林還允許員工帶孩子和寵物來公司上班，而且任何一個重要員工都有自己的獨立辦公室，每個辦公室可以按照自己的意願來裝修。

因而在企業管理中，我們應該善用這一原則，採取實際行動，關心你的下屬，而且讓每個人都看得見。這不是演戲，而是一種宣傳的方法，讓大家都知道你是一個人性化的領導者，不是只把他們當成創造利潤的機器，更將他們視為平等的人來對待。這樣下去，你一定會民心所向，讓自己成為大家眼中的「明主」，願意為你赴湯蹈火，在所不惜。

二、給員工們希望，制訂目標

身為一個領導者，我們必須做的就是要讓下屬看到企業的未來，給下屬一個希望，讓他們可以為了這個未來去努力工作。當然，在這個你描繪的未來藍圖裡，千萬記得不要只有公司和自己，更重要的是要有為公司辛勤勞動著的員工們。

這樣的話，每一個人都會覺得這個未來與自己息息相關，自己是不可缺少的重要一員，所以大家自然而然會為公司盡心盡力做好一切本員工作，並為那個美好的未來而努力奮鬥。

三、獎懲分明

每個人都希望得到應有的平等對待，這也就意味著身為一個合格的公司領導者，你必須對下屬獎懲分明，不徇私，讓每一個人都意識到自己的位置。做得好予以嘉獎，做不好的施以薄懲，這就會使我們的下屬明確的知道自己到底應該怎樣做才能使自身更好的獲益；同時，他們也會懂得什麼樣的行為是不被允許的，是會損害自身利益的，因此對那些曠職和損害公司利益的事情，他們是絕對不允許發生的。

獎懲分明的機制，自古以來就是有效地激勵人們奮發向上的一個有效措施，也是上位者一般會採用的方式。因而做為公司領導者的你，也應該好好的應用這一原則，以期有效對自己的下屬進行管理。

四、抓住最好的進攻時機

面對變幻莫測的商場風雲，我們不會一直靜觀其變，某些時候我們也會瞬間出手，給對手致命一擊。這個現象也就是「該出手時就出手」，在商場裡，這個該出手時，指的就是對多變的市場正確的做出判斷，相對的予以改變的時機；有些時候也指分析自己和對手的實力並仔細研究周圍的環境後，所做出決定的時機。就像在股票市場一樣，在進行適當、仔細的分析之後，我們確定了想要買入的股票，那麼什麼時候買入，就是需要認真考慮的問題，因為股票市場是一個波動性極大的市場，不容易被掌控。

知道最好的進攻時機，也不一定保證你會在戰鬥中取得勝利，因為單單知道是不行的，更重要的是要抓住這個機遇，使之真正成為自己發展的契機，最後幫自己贏得勝利。

五、和屬下同進退

還記得那些有名的例子嗎？中國古代的皇帝，當國家遇到不可戰勝的強敵或者有一定困難的時候，都會選擇御駕親征。倒不是說皇帝本人如何的英明神武，只不過皇帝的親臨會讓士兵和臣民覺得自己與他們同在，明白他們所受的困苦，懂得他們的辛酸，而且自己不會退縮，會和他們一同面對挑戰。這就使士兵和子民們有了強大的戰鬥力，從心裡萌發對皇上的忠誠。

而現在各國領導者也充分的意識到了這一點，當國家有危難的時候，他們會出現在大前方，無論是洪水、地震還是其他的災害，他們總能讓自己國家的人民意識到自己是一個務實、愛民如子的人。

所有人都明白的道理，相信你也會把這一點應用得駕輕就熟吧？

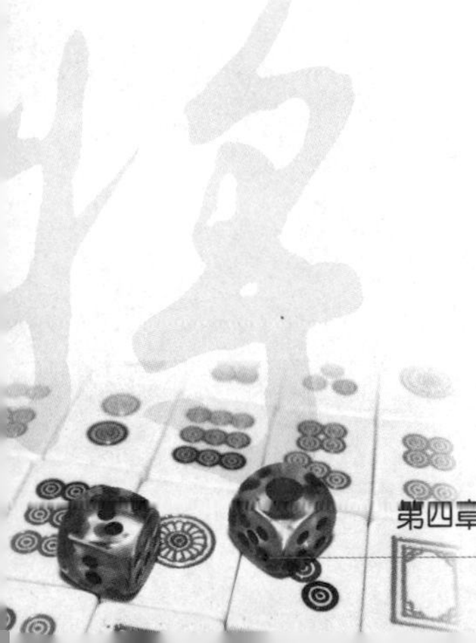

第五章

做大做小看信息

如果你仔細觀察就會發現，那些在麻將桌上遊刃有餘的贏家，每一個都是善於在對手身上收集資訊的高手。在當今資訊爆炸的年代，資訊無論在哪個領域，都十分重要，因為它決定了一個企業的命運。

1 做捕捉資訊的高手

在麻將桌上，那些聰明的玩家，都會從對手反映出的資訊中，獲取對自己有利的因素，使自己進退自如。而在商場上，那些成功的企業家，沒有一個不是善於捕捉資訊的行家，並從資訊中挖掘出財富。

比爾．蓋茲說：「資訊本身沒有什麼價值可言，但它的存在卻是一種無形的財富。」當創業者透過某些手段利用資訊實現經營目標時，資訊就成了一個企業最有價值的資源。

有些資訊對一個經營者來說，也許毫無用處，應該立刻把那些垃圾資訊清除掉，並把有用的資訊留下來，因為有用的信息量越大，你的決策才會更準確，那麼資訊的價值也就越大。相反，如果你的資訊失真或過時，就會給企業帶來經濟損失。

一個企業的重大決策，如經營目標、經營方針、管理體制等，都要進行形勢分析、方案比較，進而選擇最優良的決策，這些環節無不以資訊為基礎。

市場訊息是生產力發展中的黏合劑和增值因素，聰明的經營者會有效地利用資訊進行經營活動，可以使生產力中的勞動者、勞動對象、勞動手段達到最佳的結合，並產生巨大的效應，使經濟效益出現增值。

在市場經營管理中，資訊是一種無形的價值，是提高經濟效益的泉源。在當前的市場競爭環境下，企業只有不斷地捕捉市場變化的資訊，才能抓住機會，創造戰機，尋求優勢，確定對策，做到棋先一著，在競爭中獲勝。

資訊隨時可能鋪天蓋地地向你襲來，你既不能錯過這些資訊，又不能全盤地接受，唯一的辦法是從這些資訊裡抽取對你有用的部分。

這就需要先知道你到底需要什麼。

正如比爾．蓋茲說過：「資訊，已成為企業生產功能和決策方面的主要的，但又非物質的因素，只有適當地利用，才能使企業有效地適應這種資訊流，並取得積極的社會經濟效果。」

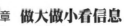

對於資訊，你一定要精挑細選，把那些對自己有用的資訊加以比較，並抓住那些可以帶來效應的資訊。

比爾．蓋茲隨時掌握資訊，並做出精明決策，隨時掌握資訊，使微軟成為一家成功的公司。

最早開始電腦軟體程式設計的不是蓋茲，而是他的朋友和競爭對手加里．基爾代爾。這位海軍研究院裡的教授，在PC研製上有重大影響。做為最偉大的程式設計員和設計家之一，他寫程式主要是出於縝密思維的雅興，而不是為了賺錢。他為英特爾8008晶片寫出了PL/I這樣大型的、複雜的電腦語言，他也是解釋型BASIC程式的發明者，所開發的CP/M作業系統更是差點斷了蓋茲飛黃騰達的美夢。

如果沒有基爾代爾這個堪稱「PC之父」的先驅，也不會有今天的微軟。

與MITS合作期間，蓋茲和艾倫用BASIC開發出一個簡單的DOS，但很不好用，而且居然和別的微機不相容。MITS的競爭對手IMSAI公司則找到基爾代爾，以兩萬五千美元買下CP/M的許多使用權，馬上把蓋茲的「傑作」給蓋了。CP/M成了七〇年代末、八〇年代初最具影響的PC作業系統，可在當時流行的上百種PC上運作。

基爾代爾最大的遺憾就是錯過了與IBM合作的天賜良機，而這一機會被比爾．蓋茲得到了。一九八〇年，IBM準備進軍PC市場，想購買CP/M作業系統。

蓋茲表現出十足的騎士風度，願為IBM安排與基爾代爾的會晤。因為此時，蓋茲手中除了BASIC還一無所有。

對這項本世紀最值錢的買賣何以錯失的問題上，有許多版本。有人說談判時基爾代爾剛好不在，他妻子多露西覺得IBM的協議對自己不利，沒有爽快地簽下協議，而心急如焚的IBM退而求其次，就決定與蓋茲聯合開發新的作業系統。為了趕時間，蓋茲選中了西雅圖電腦產品公司蒂姆．派特森做的一個叫「快手和下流」（Quick and Dirty）的作業系統，連公司帶人一起買下。將產品做了一番改進，就成了後來名震天下的MSDOS。

其實派特森的產品是在基爾代爾舊版本的CP/M8086上做修改和簡化而成的。

資訊可以透過交流來獲得，而交流是相互的。

如果一個人追求大量的資訊，給別人的資訊很少，這種關係是不穩定的，最終可能

變得既不多給也不多得。在一種雙向的資訊交換中，坦率會激發坦率，封閉會換來封閉，敵意會引來對方的敵意。

在交流時，我們可以透過六種方法獲得有用資訊：

1、明知故問。如果對方吞吞吐吐，思路不清，你可能已經弄清楚他是在浪費時間，或者雖然他需要你的產品或服務，但他自己卻還不十分清楚。

2、重複提問。這樣做，不僅可以有效地比較對方前後回答之間的矛盾，同時還藉此瞭解回答問題人的品行。

3、投桃報李。一般情況下，向別人提供資訊並不會使你損失什麼，所以資訊是最好的交換物。

4、注意消息來自何人何地。你談話對象的層次及談話地點，與你獲得資訊有很大的關係。

5、投石問路。向對方索取與你毫無關係的資訊，看看人們如何應付你的這一要求，這可以相當準確地反映出他們的性格，以及是否誠實。

6、尋找數字中是否隱含著什麼意義。

市場訊息還必須透過自己的兩條腿和一對耳朵獲取。

一位港商信手翻當天的報紙，就拈來了一個市場機會：一條西方人玩魔術方塊的資訊映入眼簾。他靈機一動，馬上派人從歐洲弄來一個樣品，以最快的速度仿造，很快就佔領了香港市場，大獲其利。這看似偶然得之，殊不知香港商人看報、聊天，都在尋找發財的機會。

僅僅收集資訊還不能預見未來，一定要對資訊進行總結和歸納。如果能從量和質兩個方面收集資訊，使資訊的內容更加豐富，並努力把各式各樣資訊搭配組合，那麼頭腦中就會閃現出好的主意。因此，需要對你獲得的資訊進行處理。資訊處理要符合經濟效益的原則，盡可能少的投入以獲得較大的資訊效益。

這需要解決三個方面的問題：

1、要區分不重視資訊處理工作與從企業整體利益出發、用較少的投入獲得較大的效益的界限。

2、正確處理企業眼前利益與長遠利益的關係，合理選擇資訊處理方式。

3、資訊機構的設置要符合企業發展的要求，真正發揮資訊工作的參謀作用。

資訊能力優秀的企業，其特點在於：它能夠從定期資訊時間系列變化中，確切地把握該企業可能發生或面臨的問題。

比如：從與行業有關時間系列的資訊中，就會瞭解庫存增加或需求減少的動向。掌握景氣變動的時間，就能盡早研究對付不景氣的策略。善於從定期資訊中發現問題的企業，對於任何紛繁複雜的變化，都能透過現象，徹底地追尋和瞭解問題變化的原因。

因為所謂企業的資訊能力強，不光意味其收集資訊和掌握資訊的能力，而且意味著這個企業對資訊有很強的分析、加工的研究能力。

善於捕捉資訊的人，才能為企業帶來無限的活力。

2 輸贏在於對資訊的把握

在麻將桌上，如果你知道對手們的牌勢很弱，但你沒有充分地把握和利用這一資訊，就不會成為贏家。同樣，在商場上也是如此。

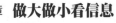

軟體領域裡的頂尖人物比爾．蓋茲，以其敏銳的目光斷定：隨著資訊時代的到來，人類的社會生活將發生一場影響巨大的革命。

同時，他心裡也十分清楚要想使自己的「微軟王國」立於不敗之地，就必須以最快的速度創建自己的資訊王國。實際上，比爾．蓋茲這種建立資訊王國的構思，由來已久。在創業的初期，微軟公司就與資訊技術和象徵高科技的電腦密不可分。他們需要瞭解最新的行業動態，需要搜集最尖端的科技情報，需要開發推動事業發展的產品，資訊技術的顯著作用就顯而易見。隨著企業規模的擴大、產品的革新，部門之間的資訊交流、各產品之間的功能擴展、聽取使用者的意見等等都需要大量的人力、物力和不可計

算的時間，以高效創新著稱的比爾．蓋茲，十分重視改善管理方式提高工作效率，採取了一系列改革措施。

隨著軟體市場越來越激烈的競爭，「微軟家族」產品越來越多，公司員工也由原來的幾個人發展到數萬人，由發展帶來的管理問題越加突出，這些都迫使比爾．蓋茲採取新的、有效的管理方式。他努力尋找一種應用於資訊時代的，不僅僅可以增強體力而且可以擴展智力的工具，來改進他現有的管理方式。

當一九九三年第一個網站出現之時，網景公司的瀏覽器問世後，給微軟甚至整個行業造成的巨大震撼，才使比爾．蓋茲猛然清醒，他不僅以公司整體實力，進軍網路市場，贏得競爭優勢，同時也發現了改變整個世界的特有力量——數位化網路工具。

比爾．蓋茲在《未來時速》中，提出了一個新的思維概念——數位神經系統。數位神經系統是一個整體上相當於人的神經系統的數位系統。它使一個組織能感知其所處的環境，迅速察覺競爭者的挑戰和客戶的需求，做出即時的反應。

比爾．蓋茲指出，一家企業需要有較好的商務反應能力，以便在危機中調集其力量或對不測事件做出反應。一個領導者應該有意識地指揮他公司的「肌肉」，無論公司是建立新的團隊以開發新產品、開設新的辦事處，或是重新部署現場人員以尋找新的客戶。要想執行好這些有計畫的事件，就需要進行深思熟慮的戰略分析和評估。

任何一個企業領導者都需要解決企業的基本問題，制訂長期企業戰略，然後將戰略目標及其相對應的計畫部署給各部門公司的每個人、商業夥伴和相關人員。一家企業尤其需要與它的客戶溝通，並以在溝通中獲悉的資訊為基礎採取行動。這個基本的要求，需要投入公司的各種能力：經營效率、資料收集、自身的擴展和協調、戰略計畫和執行。

比爾·蓋茲認為未來的輸贏，取決於對資訊的搜集、管理和使用，利用資訊管理是領先於眾多公司的最好辦法。而資訊管理的核心是資訊流的問題，資訊流是公司的命脈，因為它能使企業從員工那裡得到最多的回報，從客戶那裡獲取更多的資訊。無論公司裡有別的什麼優勢——聰明的員工、優良的產品、良好的客戶信譽、銀行裡的現金，企業都需要快速優質的資訊流，來精簡業務流程、提高品質和改進企業的商務運作。

運用數位神經系統，將大大擴展個體的分析能力，同時它把個人能力集合起來，創建出組織的智慧和統一的行動能力。把企業領導者從落後、繁瑣的紙上過程解放出來，進而使商務管理者有時間思考這些問題。它提供資料、激發思維，將資訊展示出來，使企業能看到迎面而來的發展趨勢。數位神經系統會使事實和思想更容易從公司的基層湧現出來，從掌握這些資訊的員工處湧現出來，可能還會使許多新答案被提出。而最重要的是，它能快速地完成這一切。

微軟公司在把握經營的命脈時，充分發揮數位神經系統的巨大作用，比爾・蓋茲要求員工必須做到以下幾個方面：

一、完善資料工作

要完成資訊工作，公司員工需要隨時提取資料，然而，一般企業的傳統觀念造成了很大的障礙，往往習慣於「資料」應當是保留給最資深的管理人員的。一些管理人員為了保密，也許還想緊抱資訊不放。蓋茲要求必須打破以往的觀念，在保證商業祕密不致洩露的前提下，更大程度地擴大資訊的共用程度，特別是公司內部讓員工很方便地提取相關資料，進行資訊交流和業務研究。

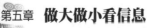

二、不斷掌握新資料

比爾．蓋茲要求公司要像在特別專案中聘請一位諮詢顧問一樣，能隨時給企業內部的職員提供有效的資料，同時還能提供可靠的分析資料。諮詢顧問由於在行業中日積月累的經驗和在企業分析上的專門知識，他們經常有新的點子以及看問題的新方法。在研究了銷售資料後，諮詢顧問們總是以其獨到的收益分析，與競爭者的比較及優化業務流程的洞察力，讓高級管理人員大吃一驚。

再來，要讓中層管理者和職員都能看到商務資料。公司的中層人員們最需要精確、有用的資料，因為他們是需要行動的人。他們需要即時和持續的正確資訊流，以及豐富的視圖。而員工不應只能等到高層管理人員將資訊提供給他們時，才接觸資訊，公司花費更少時間將財務資料對員工保密，而用較多時間教會他們分析和根據資料來採取行動。

接著，精心準備會議所需資料，事先分析。會議不應用於展示資訊，在會前使用電子郵件讓所有人先對資料進行分析，準備好之後，再召開會議做出各種建議或進行各種有意義的辯論，這樣就會更加有效率。

經常在眾多沒有成效的會議和公文堆中掙扎著的許多公司，並不是缺少能力和頭腦，他們需要的各種資料，事實上就在公司的某個角落以某種形式存在著，只是他們不能很容易地得到資料。數位工具可以幫助他們從許多來源即時地得到資料，並能從不同的觀點來分析資料。

比爾．蓋茲一貫主張企業內部實行資訊共用、政策開放，他也希望在未來的資訊革命時代，企業都有一個相當開放的資訊政策。讓參與每一項產品的每一個人，即使是最基層的人，都能瞭解產品歷史、訂價、全球性的銷售是怎樣劃分的，或是怎樣按客戶群體劃分的，這樣做具有令人難以置信的價值。讓每一個人得到完整的資訊，而且相信他會保密，這樣做的價值遠遠超過其中的任何風險。

三、充分發揮資訊流的作用

一家企業不能把它在市場上的地位看作是理所當然的，而是應當不斷地評價自己，可能因此會在另一行業取得重大突破，或發現它應當堅持自己所瞭解、擅長的本行。最重要的是，企業的管理人員應擁有必要的資訊，認識到其競爭優勢，以及他們的下一個大市場會是什麼？

電腦的普及率不斷提高，個人電腦的發展速度還在持續，這為發揮資訊流的作用提供了廣闊的空間和可能性。如何讓資訊流動？使用者如何獲得資訊？如何讓使用者上網查詢訂單處理情況？要解決這些問題，充分利用數位工具將是企業獲得市場優勢的最佳方案。

數位神經系統是讓每一件事都轉化為數位形式，使資訊流能發揮很大的作用：

1、加快反應速度。在企業內部，愈早掌握所有的消息，就愈能做出更好的回應。企業負責人不能以過去成功的經驗來應變，而必須靠即時的資訊。在得到最新消息之外，更重要的是即時做出回應。

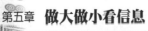

2、改善操作流程。如何制訂和網路有關的政策，甚至包含如教育、開放通訊市場等，政府可是一個模範使用者，因為它本身能改善的太多了，可以在網路領域採取更開放的立場。

3、增加操作彈性。有人創辦新公司，要到政府的不同部門辦手續，很繁瑣，這些都應該簡化，讓他們的工作更有效率。比爾．蓋茲出差到不同國家，都可以利用個人電腦上網查詢公司的狀況。

四、發揮知識型工作者的能動性

知識型工作者是企業的寶貴財富，資訊工作是思考性工作，當思考和協作顯著地得到電腦技術的支援時，你就擁有了數位神經系統。它由先進的數位過程組成，善用資訊的知識型員工用這個過程來做出更好的決策。

五、擴大區域管理者的作用

每一家企業都需要能快速提供這樣詳細資訊的系統，每個人員只需按一個鍵，就能得到他需要的資訊。

在微軟公司裡，他們的資訊系統也改變了區域銷售管理者的作用。當MS Sales系統投入使用的時候，微軟公司的明尼阿波利斯地區首席執行長，很詳盡的算出了該地區的種種資料，而這種情況在以前是絕對不可能的。

她發現在其他客戶群體之中的銷售佳績，掩蓋了她那個地區大客戶群中的不良銷售業績。事實上，這個地區在美國各地區這一類別中是絕對的最後一名。

發現這一點很令人震驚，但也極大地刺激了本地區的大客戶銷售隊伍。到這一年的年底，明尼阿波利斯地區是大客戶銷售方面增長最快的地區。

利用資訊做好工作，是讓公司在競爭中脫穎而出最有意義的方法，也是讓自己鶴立雞群的最好辦法。收集、管理和使用資訊的方式，決定了輸贏。競爭對手愈多，關於對手和市場的資訊就愈多。現在市場已經全球化了，贏家就是發展出世界一流的數位神經系統，讓資訊在公司暢流，並發揮最大而長久的學習效果。

成功的企業將會利用管理的新方法帶來優勢，這是不斷增加的資訊速度帶來的優

勢。新方法不是將新技術用於技術本身，而是用來重新形成企業的行動。

新的企業管理方法，是像我們大腦的思維那麼敏捷地去瞭解資訊分析問題，很快地消除障礙，抓住機遇。好的資訊流和好的分析工具，使我們能從大量潛在、難解的資料中，發現新的贏利機會。它充分發揮人類大腦的能力，同時把人類勞動量降到最低點。

市場競爭是殘酷無情的，各行各業必須分析自己的優勢和缺陷，不論在產品開發還是管理方法上，領先對手，並且透過各種方法瞭解競爭對手的有關情況，才能知己知彼，百戰百勝。而建立數位神經系統，以思考的速度做商務，是你必然的選擇。

比爾．蓋茲提醒大家，在企業經營、商務運作時，要建立一個數字神經系統，應當首先設想出一幅管理你的企業、認識市場和競爭者所需資訊的理想情形。努力地思考那些對公司起作用的事實，提出一組問題，它們的答案將會改變企業的行動嗎？然後要求資訊系統提供這些答案。如果現有的系統做不到這點，那麼企業領導者就需要開發一個能做到的系統，否則一個或者多個競爭對手會做到的。

3 搜集資訊有方法

在玩牌的過程中，如果你不能收集到來自對手的信息，你就難以取勝，那麼對一個企業而言，如果在搜集資訊上不能處於領先的位置上，這個企業很難讓人相信會有什麼發展前途。

現今，國內外有一大批以收集資訊情報為主業的情報公司。它們的宗旨就是生產和提供情報產品，或說明查找情報資料，並送到情報用戶手中的營利性情報服務機構，是新興的情報產業。其服務內容和範圍極其廣泛，涉及到歷史、衛生、經營管理、環境、能源、醫藥、金融、法律等各個領域，主要服務形式有一次情報服務和二次情報服務。利用電子的情報服務、文獻編制服務、情報分析服務、情報報導服務、會議情報服務、情報輔助服務等。他們在收集資訊情況時，多採用如下幾種常見方法：

調查法

1、文獻調查：文獻調查有兩種：一是透過採購（包括訂購、郵購、現購、委託代購）、交換、索取、複製等方法，有目的地搜集有關文獻；二是用手工或電腦檢索的方法搜尋所需的文獻資訊。文獻調查的主要方法：常用法，即利用二次文獻（目錄、文摘、索引）和三次文獻（年鑑、尹冊、百科全書等）查找所需資料；追溯法，即按參考文獻的線索逐步向前追溯；諮詢法，即請諮詢機構和圖書情報機構指導、幫助查找；瀏覽法，即經常瀏覽各種文獻，收集有用的資料。

2、實物調查：透過採購或索取產品樣品和樣本等實物，進行解剖，獲取情報資訊。樣品、樣本等實物比文字資訊更直觀，可測試，易研製創新。

3、現場調查：現場調查可以獲得文獻上尚無記載的最新資訊。調查方式包括參加會議、參觀展覽、實地考察，可以透過一些難以購買和索取的資料和實物樣品，還可以用拍攝照片、製作電影和錄影的方法，獲取具體的資料，經由記錄與錄音方式取得沒有書面文件的報告和發言。

口頭交流法

透過參加國內外各種會議、引進技術洽談、談判、國內外考察、人際交往等機會，與用戶、同行等進行交流搜集資訊，這樣可以得到許多非公開出版報導的最新資訊。國外科技界非常重視這種交流。

隨機累積法

這種方法需要有很強的情報意識。平時聽廣播、看電視、來往書信、旅遊訪友、閒談等，都是搜集零星資訊的好機會。

目錄收集法

這種方法專門搜集整理各種情報目錄，尤

其是商品目錄的資訊企業。目錄雖然提供的資訊有限，但是卻具有一目了然和總體性強的特點，也有一定的商業價值。

以日本有名的GIC目錄情報公司為例，它搜集世界上十多萬份各地商品目錄，另外還搜集商品樣品，各公司出版的產品小冊子、商品影片，再結合經濟資料、新聞等，其中關於商品的各種資訊，做成商品目錄，供人們使用。

這樣，如果企業或消費者需要購買一項商品，只要查詢一下這些目錄就可知道關於它的簡單資訊。如果企業要推出一個新產品，也可以透過商品目錄而廣為人知。

4 在資訊中尋找發展的空間

有空就鑽，這是每一個玩家都運用的麻將之道。而在商場上，在資訊中尋找發展的空間，幾乎是每一個商家遵循的成功法則。因為在競爭的市場上，誰第一個捕捉到了有利於自己的資訊，並充分地加以利用，誰就會成為「王者」。

市場預測並不是主觀臆測，而是需要規範化的分析、科學的研究和精確的預測。為了做出正確的經營決策，企業家需要在進行市場調查、掌握資訊的基礎上，牢牢地抓住關鍵的市場訊息來進行市場預測。

為了抓好關鍵資訊，可以藉助現代化的先進方法，對市場訊息進行定性分析和定量分析，進而迅速、準確地預測出市場動態趨勢。

俗話說，機不可失，時不我與。市場訊息往往稍縱即逝，一閃而過。因此，企業家在拍板定奪時，要堅決、果敢，當斷則斷，切忌糊糊塗塗，舉棋不定，猶豫不決；優柔寡斷只會貽誤良機，害人害己，於事無補。當然，果斷決策並不等於急躁冒進。

總而言之，在掌握市場關鍵資訊時，要穩、準、狠、快，將有用資訊轉化為財富。在商業競爭中，對市場訊息，尤其是市場關鍵資訊，把握的速度與準確性，對競爭的成敗有著特殊的意義。

成功的企業家對關鍵資訊的把握，往往有出色的表現，他們總能站在全域的高度，宏觀把握，微觀處置，決策果斷即時。

第六章

胡大胡小要果斷

在玩牌時，我們經常看見這樣的情況，有的人由於在要胡什麼時猶豫不決，而失去了良機，結果使自己落到了很尷尬的地步。而這種情況，在商場上更是一件很普遍的事。

1 決策時最怕的幾種行為

一個好的決策，無疑會救活一個瀕臨破產的企業，更會使一個好的企業從成功走向卓越。但一個決策從形成到制訂，再到把它付諸行動，有時卻因多種因素的影響，而會使它夭折。

一、關鍵時刻不要猶豫

審時度勢、大膽決策，是成功企業家的必備素質，在危急關頭，應禁忌那種當斷不斷、猶豫不決的決策心態。以不到五百美元發跡，最後負責年營業額達數億美元的「國際管理顧問公司」的美國人麥科馬克，就是這樣一位能審時度勢的企業家。

他指出，如果把人生當作一盤賭局，那麼最重要的就在於懂得什麼時候下注，如何下注。他自己正是憑著這種本領，在經銷活動中，能夠以逸待勞，以少勝多，從容地獲得鉅額商業回報。

有人在評價霍英東成功之路時說：「綜觀他的大半生，他的所有行動和心理，都具有鮮明的個性。非霍英東所不為，非霍英東所不能的。有人稱他經營房地產實在是大企業家的風度和氣魄，但應該還要加上職業賭徒孤注一擲的冒險精神。」大膽、勇為、冒險、創新，這就是霍英東風格，也是所有成功人士審時度勢的特殊本領。

二、危機時不要前怕狼後怕虎

越是在企業陷入危機之時，越需要大膽的經營決策，更應忌諱哪種前怕狼後怕虎不敢決策的畏懼心態。

美國著名的克萊斯勒汽車公司前總裁艾柯卡，在美國汽車銷售市場不景氣的情況下，機智果斷地做出了「如果你對我們的汽車不滿意的話，可在三十天內或一千英里行駛里程內退車還錢，也可另換一輛新車」的承諾。不滿意就可以退錢或換車的做法，為汽車業有史以來最大膽的行銷策略，它使顧客感到沒有風險感。

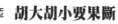

艾柯卡靈機一動所做出的決定，挽回了克萊斯勒汽車在市場上銷售的不景氣，在之後的幾個月時間裡，汽車銷量猛增至上萬台，而要求退貨的顧客只有十四人，使汽車獲得了良好的信譽，銷路穩步上升。

三、忌諱在決策時缺乏自信違背直覺

相信直覺是經商天才決策的重要特徵，精明的商人應忌諱那種缺乏自信的經營決策心態。

一九三〇年的一天，美國兩位名叫萬尼斯和高杜吉斯的音樂家找到柯達公司，說他們研究出一種新的彩色底片，問柯達公司是否願意合作，並且把研究過程告訴了柯達公司創始人兼總裁伊士曼。伊士曼敏銳地感覺到，如果將這項研究繼續下去，將會給彩色相片帶來一場革命。

因為當時的彩色攝影，要在鏡頭裝上紅、綠、藍三種不同顏色的濾色鏡。工具複雜，費用高昂，效果不好。但伊士曼對兩位音樂家的發明有著濃厚的興趣，透過市場調查和專家諮詢，他的心中對該產品充滿了信心。

「該出手時就出手」，伊士曼當即和兩位音樂家簽訂了合約，為他們提供資金和技術力量支援，開始了企業家和音樂家的歷史性合作，幾年後果然獲得了成功。

發 2 決策絕不能拖泥帶水

如果你想做成一件事，就不要總是猶豫不決，哀嘆命運對自己的不公。看準了機會果斷地做出決策，你就會迎來美好的明天。

比爾．蓋茲說：「猶豫不決是每一個商家的大敵，如果表現在決策上，那麼勢必造成拖泥帶水的不良後果。」

處理問題果斷、迅速，是比爾．蓋茲性格中的最大特點。他為了發展自己的事業而果斷地從哈佛大學退學這件事上，即充分地體現了這一點。

那時，比爾．蓋茲為微型儀器公司設計的軟體成功後，他回到哈佛等待最佳創業時機，他的朋友艾倫則去了微型儀器公司。

不久，《大眾電子學》那個空殼子廣告取得了驚人的效果，引起了廣大電腦迷的熱烈關注。擁有一台自己的電腦，成為無數電腦迷多年的夢想，而這個夢想現在居然只用

397美元就能實現，誰能不熱血沸騰呢？

讓人無法想像的訂單雪片般飛來，使這家奄奄一息的公司立即起死回生。之前，它的赤字接近三十萬美元，一夜之間，它甩掉了赤字，而且還有了二十五萬美元的盈餘。電腦迷們紛紛把支票和匯款寄往這家他們從來沒有聽說過的公司，更有一些人甚至搭飛機來到阿爾伯克爾基，希望能夠更快地得到阿爾塔電腦。

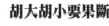

從當時的實際情況來看，先拿到電腦的人並不值得慶幸，因為這種電腦與他們的夢想相去甚遠。阿爾塔是全套買進的，安裝它很費工，很多零件一直安裝不好。就算裝好了，阿爾塔的功能也非常有限。它的記憶體只有幾百個位元組，程式也很粗糙，使用時只能透過一個控制開關，翻動幾百次才能把少量的資料登錄到電腦內，只要錯一次，一切就需要從頭來。所以，這種電腦頂多能算個高級玩具，而不是應用工具。

微型儀器公司的當家人羅伯茲，看到雪片般飛來的訂單，便急於求成起來。比爾・蓋茲和艾倫在哈佛為微型儀器公司編寫的80-80BASIC語言，實際上還沒有完全成熟，但第一批電腦元件就已經裝運了。其實就算這個軟體寫好了，微型儀器公司也沒有製造出適合軟體運行的記憶體。但是，從微型儀器公司紛至沓來的訂單中，比爾．蓋茲和艾倫已意識到，一個新的軟體市場正在隨著阿爾塔的誕生而形成。

聰明的比爾．蓋茲明白自己做出決策的時候到了。

但離開哈佛大學，並不是說一聲再見那麼輕鬆、容易的事，比爾．蓋茲必須設法說服對他寄予厚望的父母。他硬著頭皮對父母說了他的計畫，說他準備休學，去和保羅．艾倫成立一家電腦軟體公司。母親瑪麗堅決反對他的決定，她希望比爾．蓋茲在取得學位之前不要離開學校。畢竟哈佛的學位是多少人夢寐以求的啊！

比爾．蓋茲的父親也極力主張兒子繼續其學業，因為開公司的機會很多，而讀哈佛的機會卻很難得。

軟體和軟體公司的知識在他父母的大腦中幾乎等於零，他們不知道該說什麼才能打動兒子的心。瑪麗．蓋茲熱衷於社交活動，交遊廣闊，認識不少德高望重的人。於是，她求助於在聯合道路公司董事會認識的薩莫爾．斯托姆。她安排蓋茲和斯托姆會面，希望他們的交談能使蓋茲打消開公司的念頭，繼續他在哈佛的學業。

斯托姆在當地不僅是一位白手起家的千萬富翁，而且還是著名的慈善家和市政領導者，同時也很受人尊敬。瑪麗．蓋茲從一些朋友那裡瞭解到，斯托姆是華盛頓州屈指可數的幾個在商業領域中，既通電腦技術又熟悉電腦產業發展前景的人。

當比爾．蓋茲從哈佛回家休假時，斯托姆帶他到雷尼爾俱樂部共進午餐，在交談中，比爾．蓋茲向斯托姆解釋，他認為個人電腦時代已經到來，這正是他大展身手的好機會。他還用極富熱情的語言描繪了未來遠景。斯托姆被打動了，衷心地說：「任何一個對電子學略有所知的人，都應該明白這確實存在，並且新紀元確實已開啟。」

這次的交談，恰恰與比爾．蓋茲的母親瑪麗的願望截然相反，斯托姆不但沒有勸阻蓋茲打消退學的念頭，反而鼓勵比爾．蓋茲好好做。

因為這件事，瑪麗好長時間都不願意見到斯托姆。有一次斯托姆見到瑪麗，開玩笑地說：「在這個問題上，我犯了一個可怕的錯誤，我那時應該給他一張空白支票，讓他隨便填上數字去花，那該是怎樣的一種投資呀！我一直被認為是一個精明的資本家，但在這件事情上，我簡直蠢透了！」

有了斯托姆的鼓勵和指點，比爾・蓋茲休學的念頭更堅定了。一九七七年初，比爾・蓋茲做出了他人生中的第一個重大決策：從哈佛大學正式休學。對他來說，這所明星大學已經只是一個負擔，而不是助跑器。

應該說比爾・蓋茲果斷的休學這件事，並不是一時的心血來潮，而是經過反覆的思考才決定的。他果敢地把握住了機遇，為他開創軟體王國的霸業拉開了序幕。

一個在事事面前猶豫不決的人，難成大事，更談不上能完成他所肩負的使命了。

3 決策時要把握時機

對創業者來說，決策最重要的就是把握時機。一個好的決策，如果與決策者把握的時機相配合，無疑會達到如虎添翼的效果。

在生產經營中誰贏得了時間，誰就贏得了空間。贏得了時間就贏得了主動，贏得了勝利。

然而，在激烈的市場競爭中，要完全準確地掌握時機是不可能的，有時錯失時機，正確的決策也會釀成錯誤，所以這時非憑膽識進行冒險不可。

風險決策是常遇到的一種情況，凡屬開拓性的新經營事業，無不帶有風險性。風險和利益是相輔相成的，往往會成正比例發展。

如果風險小，許多人都會去追求這種機會，利益均分也就不會大而持久。如果風險大，許多人就會望而卻步，所以能有獨佔鰲頭的機會，得到的利益也就大些，在這個意

義上講，有風險才有利益。

風險決策，是對決策者素質的檢驗。真是十拿九穩的事也就無需決策。然而，冒點風險在於「化」，要把風險化成效益絕不能蠻幹。「實施強攻無節制，就會失敗。」要在客觀條件限度內，能動地爭取經營的勝利；充分地發揮自覺的經營能動性，是化險為夷的可能所在。勇氣和膽略要建立在對客觀實際的科學分析上，順應客觀規律，加上主觀努力，就能從風險中獲得利益。

一八九九年，喬瓦尼·阿涅利與他人聯手創辦了一家汽車公司。之後，他將公司命名為義大利都靈汽車製造廠，後來改制為菲亞特股份公司。

一九四九年，阿涅利的孫子賈尼·阿涅利被指定為菲亞特公司的副董事長，一九六六年，被正式推舉為菲亞特公司的董事長。在阿涅利的領導下，菲亞特公司發展迅速，旗下的菲亞特汽車公司成為義大利最大的汽車製造企業，也是世界最大的汽車公司之一。

但是，在二十世紀七〇年代前期，國際汽車市場疲軟，在義大利本國工資升高、物價上漲等情況的衝擊下，再加上公司內部出現了管理問題，菲亞特汽車公司經歷了歷史上最不堪回首的日子，公司連年虧損，在世界汽車生產商的排名上接連下跌。此時，菲亞特集團的決策層中，有不少人力主甩掉汽車公司這個沉重的大包袱。消息傳出後，菲亞特汽車公司上下一片恐慌，都不知哪一天公司就會被賣掉或是解散。

一九七九年，阿涅利任命四十七歲的維托雷．吉德拉出任菲亞特汽車公司總管理者。

吉德拉能給員工們的心神不定帶來什麼呢？

吉德拉看起來沒有什麼辦法。他總是帶著微笑與大家在一起交談、訪問。他詢問的問題倒是不少，沒多久，吉德拉的小冊子已經記到了最後一頁。一天，他合上筆記本，召開了公司管理人員會議。

「諸位，近年來我們公司每況愈下，似乎要從歐洲汽車生產商的序列中消失了！對此，身為一名老菲亞特人，我深感痛心！今天，請大家思考，菲亞特的問題在哪裡？」

一片沉默。

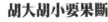

吉德拉隨即宣布：「散會。」

眾人神情嚴肅地離開了會議室。

看著大家的背影，吉德拉滿意地笑了。看來，他的計畫已成功了一半。他相信今天的會議已經調動起了大家的情緒，首先是高層管理人員的鬥志，別看大家默不作聲，但都已經開動腦筋了。這樣，才能為下一步的計畫鋪平道路。

幾天後，吉德拉又召開了公司管理人員第二次全體會議，這一次，他可沒有馬上宣布散會，而是舉起了他的「三板斧」：「我們要大幅度地進行機構調整，大家要有足夠的心理準備和承受能力。」吉德拉嚴肅地說，「菲亞特汽車公司機構重疊，效率低下，是導致企業缺乏活力的重要原因……」

吉德拉動作果斷，很快，他關閉了國內的幾家汽車分廠，淘汰冗員，員工總數一下子減少了三分之一，由十五萬人降至十萬人。這次機構改革的另一個重點，是對菲亞特汽車公司的海外分支機構的調整。這些海外機構數量眾多，但絕大部分效率低下，所需費用卻很龐大，經常入不敷出，成為公司的沉重包袱。吉德拉毫不猶豫地撤掉了一些海外機構，停止在北美銷售汽車，還結束了設在南非的分廠和設在南美的大多數經營機構。

吉德拉的「精簡高效」遇到了強大的阻力。菲亞特汽車公司的員工人數在義大利首屈一指，被稱為「解決就業的典範」，這次裁減人員的數量如此巨大，自然引起各方的議論，但他絲毫不為所動，堅定地完成了計畫。

吉德拉的「第二斧」是對生產線的改造。

他透過在工廠的實地調查，認為公司技術落後、生產效率低下是造成它陷入困境的重要原因之一。吉德拉大量採用新工藝、新技術，利用電腦和機器人來設計和製造汽車。正是根據電腦的分析，使汽車的部件設計和性能得到充分改進，使其更為科學和合理化，勞動效率也隨之提高。新工藝、新技術的採用帶來的另一個結果是公司的汽車種類和型號大大增加，更新換代的速度大大加快，這就增強了菲亞特汽車的市場競爭能力。

吉德拉的「第三斧」是對汽車銷售代理制的改革。

過去菲亞特汽車的經銷商不需墊付任何資金，而且在銷售出汽車後，也不即時將貨款匯回菲亞特，而是佔壓挪作他用。這使得菲亞特的資金週轉速度緩慢，加重了公司的困難。

吉德拉對此做出了一項新的規定：凡經銷菲亞特汽車的，必須在出售汽車前就支付汽車貨款，否則不予供貨。此舉引起了汽車經銷商的強烈反對。但吉德拉始終堅持己見。結果有三分之一的菲亞特汽車經銷商被淘汰出局，其餘的都接受了這一新規定，這舉大大提高了菲亞特汽車公司的資金回籠速度，減輕了公司的財政困難。

在吉德拉的主政下，菲亞特汽車公司透過一系列改革，成效顯著，重新煥發了活力。

4 誰慢誰就被吃掉

人生就是一場競賽，只有不斷地奔跑，才能在競爭中不被他人「吃掉」。

比爾．蓋茲說：「快速、加速、變速就是這個資訊時代的顯著特徵。」這種特徵只有每個勇於奮起直追的人，才能真正的理解和把握。

創業初期，比爾．蓋茲他們設計開發的軟體「8086」，似乎是超乎尋常的。比爾．蓋茲安排一位軟體發展工程師做新類比程式的候選人。可是過了很長時間，他連手冊都沒有寫出來。微軟公司的雷恩和奧里爾只好根據英特爾工程師們寫的說明書為他們的版本。英特爾的工程師們此時正在設計這個晶片。

這樣，軟體就走到了硬體的前頭。

這樣做似乎沒有必要。但是在那一個階段，微軟公司內部有一種狂熱的工作氣氛，這種氣氛推動著所有的員工拼命工作。在這後面有一個叫做比爾．蓋茲的「魔鬼」，他不斷地催促說：「快點！快點！」

那時比爾．蓋茲心裡十分清楚，微軟公司這麼做實際上是一次投機冒險。按照以往的慣例是：開發新產品總是等機器出來，然後各路英雄一路衝殺過去，誰做得好、做得快，誰就會成功。

比爾．蓋茲知道：在同一條起跑線上，很難說誰就一定得第一。微軟公司這一次的方法是搶跑。新的電腦做不出來，就等於白忙了。但是，新型電腦做出來了，微軟公司當然地成了第一。

微軟公司的這個決策得到了回報，它又一次掙到了錢。

在阿爾伯克爾基的一切工作都做完後，微軟公司將做一次戰略轉移。為了永遠記住在阿爾伯克爾基的日日夜夜，微軟公司的各路英雄決定在一九七八年十一月七日這天拍一張集體照。就在這個月，微軟公司完成了全年一百萬美元銷售額。精確地說，是一百三十五萬多美元。他們帶著這個成績，朝著大西北綠草如茵的地方前進了。

在途中，比爾．蓋茲訪問了矽谷的電腦製造商。在一條路上，他收到了員警開具的三張超速行駛的罰單，其中兩張是同一天被同一個員警開立的。他來來回回都開得太快了。

他用的是微軟的速度。可惜的是，員警並不理解這種速度的涵義和這位司機的真實思舉。

這是一個速度快得讓人目不暇給的時代，只有跟得上速度、立志走在時間前面的人，才能取得成功。比爾．蓋茲的創業成功就證實了這一點。

在日常生活中，你要學會和自己比賽，始終走在時間的前面，盡可能地超出自己平常的成績。

首先，得要養成快速的節奏感，克服做事緩慢的習慣，調整你的步伐和行動。這不僅可提高效率，節約時間，給人良好的印象，而且也是健康的表現。

由於科學技術的社會化，人與人在素質、能力（智商）上的差別越來越小，因此，人發出的能量就取決於其速度，誰慢誰就會被吃掉。比如：搏擊以快打慢，軍事先下手為強，商戰已從「大魚吃小魚」變為「快魚吃慢魚」。

比爾・蓋茲認為：競爭的實質，就是在最快的時間內做最好的東西。人生最大的成功，就是在最短的時間內達成最多的目標。品質是「常量」，經過努力都可以做好，以至於難分伯仲；而時間，永遠是「變數」，一流的品質可以有很多，而最快的冠軍只有一個。任何領先，都是時間的領先！

我們慢，不是因為我們不快，而是因為對手更快。

下面這個「羚羊與獅子」的故事，充分說明了這一點。

在非洲的大草原上，一天早晨，曙光剛剛劃破夜空，一隻羚羊從睡夢中猛然驚醒。

「趕快跑！」牠想到，「如果慢了，就可能被獅子吃掉！」

於是，立刻起身朝著太陽飛奔而去。

就在羚羊醒來的同時，一隻獅子也驚醒了。

「趕快跑！」獅子想到，「如果慢了，就可能會餓死！」

於是，起身就跑，也朝著太陽奔去。

能讓平淡無味的工作變得有趣、生動。即便是最有刺激性的工作中也免不了有乏味的事。

和自己比賽可以激發心理學上「滿溢狀態」的行為。這是一種內在的變化，時間似乎很少，但你獲得的成果卻很多。

再來，更要改善你的工作品質。對於實現自己的目標應該像優秀的跨欄選手一樣，速度更快、更好，還要求不把柵欄碰倒。

如果你理解了速度的涵義，你就會成為贏家。

發

5 要發展，就不要怕冒險

要發展，就不要怕冒險。這幾乎是每一個企業家在創業初期的「口頭禪」，因為他們知道在激烈競爭的市場上，風險與利益共存，成功亦與失敗共存。

雷克萊是一位來自以色列的移民，初到美國不久，他就口出狂言，要在十年之內賺到十億美元。他計畫用兩個冒險的方式獲取那十億美元：第一個方式，用短期付款的方式購得一個公司的控制權；第二個方式，用公司的資產做為基金去取得另外一家公司的控制權。

雷克萊常用第一個方式，他認為這個方式最有利。假如實際情形不允許採取第一個方式，非得運用第二個方式不可，他寧願用現款買下某一家公司，但先決條件是：從買下的這家公司中，馬上可獲得更多可運用的現款。

不能小看雷克萊的這兩種方式。如果抓住機遇，採用適當的方式的話，要擁有幾個公司，甚至成百上千個公司，也並不完全是幻想。難怪雷克萊在移居美國僅僅幾年之後，就敢誇下海口要在十年內賺到十億美元！

後來事實證明，雷克萊的口氣太大了。十年的時間過去了，他並沒有達到預定的目標，而是在追加了將近五年時間之後，他才成為名副其實的十億富翁，這些都是後話，我們還是談談他在明尼亞波利斯組建第一家公司的事吧！

那時，雷克萊白天在皮柏．傑福瑞和霍伍德證券交易所工作。到了晚上，他在一個小型補習班講授希伯來語。一次很偶然的機會，使他對速度電版公司產生了興趣，這家公司就是美國速度公司的子公司之一，它專門生產印刷用的鉛版和電版。

事情是這樣的：有一天晚上，雷克萊從補習班講完課回家，在路上遇到一位名叫伍德的學生家長。這個人正在做股票生意。他是雷克萊工作的那家證券交易所的常客。兩個人很熟，所以一見面就攀談起來。他們從股票的價位，談到雷克萊教希伯來語的情形，最後，伍德談起他投資的一家公司，這家公司就是速度電版公司。

在明尼亞波利斯，速度電版公司是一家相當大的企業，它有最新的生產設備，有寬敞的現代化廠房。可是，它一直是個冷門公司，經營幾年下來，仍沒有多大的起色。這家公司也有股票上市，但是股票價位始終高不起來。

雷克萊開始暗暗地注意速度電版公司的動態，這家公司成為他爭取的目標之一。幾年來，這家公司雖然沒有多大的發展，但始終保持穩定的收益，大部分股東都把速度電版公司的股票當作儲蓄存款放在那裡。該公司的股票在市面上流通的數量不大，買賣也不熱烈。雷克萊要想獲得這家公司的控制權，只有收購股票這一途徑。如果不設法製造一個機會，使這家公司的股票形成強烈賣勢，雷克萊就無法達到自己的目的。

和伍德的談話，讓雷克萊感到這是個機會。伍德是速度電版公司的主要股東之一，如果利用伍德對該公司的厭倦心理，也許可以釀成一種對雷克萊有益的「氣候」。雷克萊充分發揮這次談話的效力，使伍德甘願讓他幫忙把所持的股票盡早脫手。雷克萊還發現，伍德急於要賣掉速度電版公司的股票，絕不僅僅是為了錢，其中必有其他原因。

雷克萊一回到家裡，便迫不及待地翻閱與速度電版公司有關的資料。雷克萊是個很有心計的人，他在工作之餘，把將來有可能收購的公司資料剪貼得特別齊全。從電版公司創業時的宣傳資料，到歷年的各期損益表，他都詳細地看了一遍。

然後，他畫了一張簡單的曲線表，以便對這家公司的經濟狀況一目了然。從速度電版公司最近一期的損益表中，很難看出問題，因為該公司的銷售收入略有增加，盈利也比上期好。雷克萊就從公司外部因素進行分析，他想，這幾天鉛的價格大漲，每噸高達230.5英鎊，這個因素對於電版業的經營一定會有影響。

他認為，速度電版公司有很不錯的客觀條件，但是業績平平，這就表示公司負責人的能力有限。一個應付日常工作都力不從心的人，一旦遇到意外的情況，肯定會自亂章法，一籌莫展。

雷克萊意識到，目前有兩個因素可以大做文章：一是速度電版公司股東們的動搖心理，二是伍德急於脫手的股票。往好的方面發展的話，速度電版公司就會成為「連環套」策略的第一環。

雷克萊靈巧利用了一些微妙的關係，並且竭力保持自己的良好信譽，終於以二十萬美元的短期付款方式，從伍德手中取得了價值百萬元的股票。

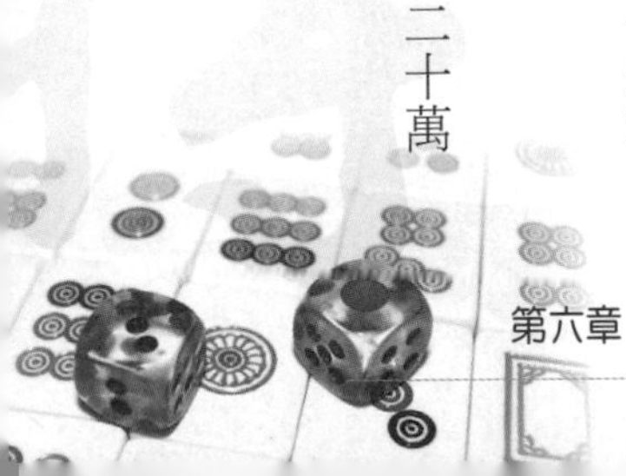

隨後，他又在速度電版公司的股票已經下跌的形勢下，用比當時議價低5%的現款付清了伍德的其餘股款。伍德雖吃了十萬美元的虧，但他仍慶幸自己把全部股票脫手了。

實際上，速度電版公司股票的價格，不可能長時間大幅度下跌，因為這種股票的實際價值已經超過了市價。雷克萊以伍德的股權融資，收購了那些小股東們急於脫手的股票。當速度電版公司的股票躍為熱門股時，雷克萊已經擁有該公司53%的股權。

此刻，他馬上召開了臨時股東大會，並順利地當選為董事長。雷克萊走馬上任之後，把公司的名稱改為「美國速度公司」，並決定將美國速度公司做為自己發展的大本營。

為壯大這個公司，他認真經營，使該公司股票變成強手股。不久，他又將美國彩版公司與美國速度公司合二為一了。

在不到一年時間裡，雷克萊從證券交易所一般分析員，一躍而成為大公司的董事長。人們會問：他哪裡來這麼多資金呢？

的確，他在控制速度電版公司之前，手頭只有二十幾萬美元。後來，他用炒股票的方式奪得了這家公司，財產一下暴增了好幾倍。接著，他用美國速度公司財產做抵押，買下了美國彩版公司。這種有形的擴展，並不是雷克萊的主要收穫，他的主要收穫是：美國速度公司的成長和吞併美國彩版公司的成功，使他對「不使用現款」的策略信心十足，也使他實現自己的鴻圖大志有了一個主要的動力。

初施計謀得手之後，雄心勃勃的雷克萊覺得明尼亞波利斯對他來說似乎是狹小了一些，要想大幹一番，就應該到紐約去。

於是，雷克萊果真從明尼亞波利斯到了紐約。在紐約這個大都會，很少有人知道雷克萊的名字，當然更沒有什麼人知道他的「連環套經營法」，甚至沒有人知道他建立美國速度公司的事情。被人冷落確實是一件痛苦的事，雷克萊後來曾大發感慨：「紐約工商界人士的眼睛是最勢利的，他們只認識對他們有用的人，也只跟那些有名氣的人交談。對無名小卒，他們是不屑一顧的。」這番話無疑是他初到紐約時的深切感受。

雷克萊到紐約後意識到，要想躋身於紐約工商界，必須自我宣傳。

於是，他先在猶太籍的商人間傳播所謂「連環套經營法」。不料，他的宣傳引起紐約工商界人士的反感和報界的批評。原來，米里特公司的負責人魯易士和金融專家漢斯在幾年前，就企圖使用「連環套經營法」來擴大自己的企業，結果以失敗告終。由於失敗，漢斯跑到芝加哥自殺了。從此，紐約工商界人士把「連環套」的辦法稱為經營上的自殺行為。

猶太人血統的雷克萊畢竟不同於魯易士和漢斯，別人認為無法做的生意，他可以從中賺大錢，別人認為無法求發展的環境，他能找出辦法來求發展。

雷克萊找到李斯特長談了一夜。這次交談後，雷克萊意識到，報界的批評起了反宣傳的作用，使公眾知道了他的存在。目前最要緊的是盡快用「連環套經營法」的成功事實，來證明自己的業績，並馬上找到一家知名度高、經營管理不善的公司。經李斯特介紹，雷克萊進入了MMG公司。這是一家擁有多種銷售網路、多樣化經營的公司。

雷克萊在進入MMG公司一年多的時間裡，充分發揮了經營才能，在他的努力下，該公司的營業額擴大了兩倍多。不久，該公司的主要負責人有意要退休，雷克萊不失時機地買下了MMG公司，並把它置於美國速度公司的控制之下。這樣，他就在紐約奠定了第一塊基石。

當時，MMG公司的另一個大股東是聯合公司，是一家擁有幾個連鎖銷售網的母公司。雷克萊把MMG公司的股權轉賣給聯合公司，而從另外的管道獲得了聯合公司的控制權。雷克萊控制了聯合公司，也就間接地控制了MMG公司。

第一個連環套成功之後，雷克萊繼續盤算下一步，目標即聯合公司的控制人之一格瑞。格瑞的重要關係公司是BTL公司，這是一家擁有綜合零售連鎖網的母公司。雖然這家公司經營狀況不太好，但是，雷克萊憑著自己從事股票交易的特殊才能和精確的分析，認為BTL公司值得投資，如果獲得BTL公司的控制權，自己的企業又可以增加一個連環套了。

BTL公司的規模很大，雷克萊要想立即獲得它的控制權並不容易。於是，他重施故技，先給人們造成一個該公司勢弱的印象，然後大肆購買別人所拋售的BTL公司的股票，並把聯合公司的財產抵押出去，以便將整個財力都投於BTL公司。最後，雷克萊終於獲得了BTL公司的控制權。

雷克萊獲得BTL公司之後，名聲大振。一九五九年，在《財星》雜誌上有一篇評論雷克萊的文章這樣寫道：「雷克萊巧妙的連環套是這樣的：他控制美國速度公司，美國速度公司控制BTL公司，BTL公司控制聯合公司，聯合公司控制MMG公司。」

雷克萊並不滿足於控制BTL公司，他又開始研究一套新的經營方法。他把連環套中的公司進行合併，即把BTL公司、聯合公司和MMG公司的各不相通的連鎖銷售網合併起來，形成一個龐大的銷售系統。在這個龐大的銷售系統中，雷克萊把MMG公司做為主幹。他這麼做的主要目的是為了縮短控制的通路。過去他控制MMG公司要經過BTL公司和聯合公司，現在完全顛倒了過來，他直接控制MMG公司，再由MMG公司直接控制BTL公司和聯合公司。

由此可見，雷克萊的「連環套經營法」已有重大變化。以前單線控制，現在是雙線，甚至多線控制了。

雷克萊心目中的大帝國式的集團企業，已經略有眉目，因此，他的膽子更大了，將注意力由紐約轉到了全國各地，凡是他認為有利可圖的企業，他都想插一腳。一九六〇年，雷克萊的MMG公司用兩千八百萬美元買下了奧克拉荷馬輪胎供應店的連鎖網。不久後，雷克萊又買下了經濟型汽車銷售網。

雖然雷克萊進行了多角化經營，而且一連買下兩個規模不小的連鎖銷售系統，但距他「十億美元企業」的目標還差很遠。他明顯地感覺到，必須向那些巨大的公司下手才行。一九六一年，拉納商店在經營上發生了嚴重問題，老闆有意出讓經營權。這是美國最大的一家成衣連鎖店，雷克萊當然不會錯過機會。他親自出馬洽談，結果以六千萬美元買下了這個龐大的銷售系統。

雷克萊對「不使用現款」的策略已得心應手，所屬企業像滾雪球似地不斷增大，其發展速度也比以前加快了。幾年中，他又買下了在紐約基層零售連鎖店中居於主導地位的柯某百貨店和頂好公司，還買下了生產各種建築材料的賈奈製造公司和世界著名的電影企業——華納公司，以及國際乳膠公司、史昆勒蒸餾器公司。這些公司都在MMG公司的控制之下。

雷克萊的「基地」美國速度公司，也在不斷壯大，在不長的時間內，有很多公司陸續被納入他的控制範圍，其中比較著名的有：美國最大的男性成衣企業科恩公司和李茲運動衣公司。最後，當李斯特把自己的葛蘭．艾登公司也賣給雷克萊時，他的企業規模已經達到理想的程度，他所擁有的資本已超過十億美元。

雷克萊憑藉「紙契」（包括合約書和抵押權狀）擴大企業的做法，經歷了大風大浪的考驗。換句話說，他在擴展自己企業的過程中並非一帆風順，有次危機幾乎把他苦心創建的基業擊垮。那是一九六三年的事，當時，股票市場受到謠言的影響，股票價位發生變動。

有一家很著名的雜誌也舊事重提，批評雷克萊倒金字塔式的企業結構有很大的問題，這使敏感的投資者在心理上產生恐慌，有些人開始大量拋售雷克萊的股票，股票價位也隨之大幅度滑落。幸虧雷克萊在商場的人緣不錯，使他在股價一路下跌的困境中，獲得了至少兩大企業集團的全力支持，他們連續買進二十萬股雷克萊的股票，總算把陣腳穩住了。

我們簡單地回顧一下雷克萊的創業經過：一九四七年，他從英國陸軍退役下來，回巴勒斯坦周遊了一趟，便帶著妻子在美國定居。

起初，他是靠替別人做事維持生活。一九五三年，他在明尼亞波利斯建了第一家公司——美國速度公司，這是他籌劃中的集團企業的總樞紐。幾年後，他在世界第一大都市紐約打開了局面，當上了「十億美元企業」的總裁。

雷克萊以微薄的財務創造「十億美元的企業」，他靠的是冒險投資。因此，有人說他是全世界「最大的賭徒」。他對這個綽號並沒有提出異議，反而做了延伸性的解釋：「嚴格地說來，任何投資都要冒險，這確實跟賭博沒有多大差別。冒險投資額越大，賺得就越多。如果你想得到十億美元的大企業，你就要有輸得起十億美元的胸懷。」

如果你也想成為百萬富翁，那你最好多一點冒險精神。

四萬
三萬
二萬
一萬

第七章

出牌時要隨機應變

如果你手上的牌不是很好，那麼就要在出牌的過程中隨機應變，但不放棄胡牌的願望，因為俗話說得好：沒有翻不過的山，也沒有跨不過去的河。

同樣，如果你是一個企業家，無論在激烈的競爭中遇到了什麼樣的困難，只要你付出了切實可行的行動，就會有戰勝對手的可能。但如果你只是怨天尤人，而不付出有效的行動，那麼只能被無情的市場所吞沒。

發 1 在「變中」取勝

一個企業家應該深知市場風雲變幻，商機千變萬化。因此，企業家需要具備敏銳的眼光和深邃的洞察力，在「變」中捕捉戰機，即時地採取行動，才能取勝。

只有這樣，才能成為商界中的不倒翁，商戰中的常勝者。同時，由於商戰情勢的不斷變換，企業家也需要根據外界情勢的變化而不斷地調整自己的經營策略，不斷地搶佔先機，挺立潮頭，稱雄於天下。

「變」的方式有許多，比如因時而變，因人而變，因地而變，因事而變，因勢而變，因機而變。總而言之，不論如何變化，均以有利於己為基本原則，切不可在變化中迷失了自己。

SONY公司的老闆就是一位十分「善變」的例子。

SONY彩色電視剛進軍美國市場的時候，只放在寄賣店中銷售。可是，一臺也賣不出去！

為什麼呢？

經過再三分析，終於發現所選擇的寄售地方不對。

於是，立即「變」，費盡一切心機將產品打入當地最大的超市馬希利爾百貨公司。為了達到一炮而紅的效果，他們選擇了最佳的切入時間：耶誕節。結果，當月就售出了四百臺彩色電視！從此，SONY彩色電視在美國市場站穩了腳跟。善變者勝，這話一點也不假。

2 不要被失敗嚇倒

當你翻閱那些成功人士的故事，會發現他們在實現自己的人生使命和夢想過程中，沒有一個是一帆風順的。但他們的成功其實很簡單，就是在每一次行動失敗後，不是變得畏縮不前，而是在下一次的行動中變得更加執著、更加頑強。正是他們不怕失敗的這種精神，而開闢出了自己的一條成功之路。

克里蒙·史東是美國「聯合保險公司」的董事長，也是美國最大的商業鉅子之一，被稱為「保險業怪才」。

史東小的時候就失去了父親，家中靠母親替人縫衣服維持生活，為補貼家用，他很小就出去賣報紙了。

有一次，他走進一家餐館叫賣報紙，被趕了出來。但他趁餐館老闆沒注意，又溜了進去。氣惱的餐館老闆一腳把他踢了出去，可是他只是揉了揉屁股，拿著更多的報紙又一次溜進餐館。那些客人見到他這種勇氣，終於勸老闆不要再攆他，並紛紛買下他的報紙。雖然史東的屁股被踢痛了，但他的口袋裡卻裝滿了錢。

勇敢地面對困難，不達目的絕不甘休，史東就是這樣的孩子。

史東還在上中學的時候，就開始試著去推銷保險了。他來到一棟大樓前，當年販賣報紙時的情況又出現在眼前，他一邊發抖，一邊安慰自己：「如果你做了，沒有損失，而可能有大的收穫，那就下手去做。」還有「馬上就做」。

他走進大樓，如果被踢出來，他準備像當年賣報紙被踢出餐館一樣，再試著進去。但他沒有被踢出來。每一間辦公室，他都去了。他的腦海裡一直想著：「馬上就做！」每一次走出一間辦公室，而沒有收穫的話，他就擔心到下一個辦公室會碰到釘子。不過，他毫不遲疑地強迫自己走進下一個辦公室。他找到一項祕訣，就是立刻衝進下一個辦公室，心裡就沒有時間因為感到害怕而想放棄。

那天，有兩個人跟他買了保險。就推銷數量來說，他是失敗的，但在瞭解他自己和推銷術方面，他有了極大的收穫。第二天，他賣出了四份保險。第三天，六份。他的事業開始了。

二十歲的時候，史東自己設立了只有他一個人的保險經紀公司，開業的第一天，他就在繁華的大街上銷出了五十四份保險。有一天，他更有個令人幾乎不敢相信的記錄，一百二十二件。以一天八小時計算，等於每四分鐘就成交一件。一九三八年底，克里蒙·史東成了一名資產過百萬的富翁。

他說成功的祕訣是由於一項叫做「肯定人生觀」的東西。他還說：「如果你以堅定的、樂觀的態度面對艱苦，你反而能從其中找到好處。」

事業取得成功的過程，實質就是不斷戰勝失敗的過程。因為任何一項大、小事業要取得相當的成就，都會遇到困難，難免犯錯，遭受挫折和失敗。例如，在工作上想做改革，越革新矛盾越突出；學識上想有所創新，越深入難度越大；技術上想有所突破，越攀登險阻越多。著名科學家法拉第說：「世人何嘗知道：在那些科學研究工作者的思想和理論當中，有多少被他自己嚴格的批判、非難的考核，而默默地、隱蔽地扼殺了。就是最有成就的科學家，他們得以實現的建議、希望、願望以及初步的結論，也達不到十分之一。」這就是說，世界上一些有突出貢獻的科學家，他們成功與失敗的比例是1：10。至於一般人與這個比例比當然要低得多。因此，在邁向成功的道路上，能不能承受住錯誤和失敗的嚴峻考驗，是一個非常關鍵的問題。

由於出現錯誤而遭受到挫折和失敗，有人就徘徊不前，半途而廢；有人就唉聲嘆氣，急流而退；有人則悲觀失望，自暴自棄。然而，錯誤和失敗並不因為人們的不快、悲嘆、驚慌和恐懼而不再光臨。相反地，怕犯錯誤，怕遭失敗，卻往往會犯更大的錯誤，遭致更多的失敗。所以，對待錯誤和失敗應該有科學的認知和正確的態度。

人們在實踐中遭到失敗，除了一些客觀條件的限制以外，還有諸多主觀原因，主要是：決心不大，信心不強。有沒有決心和信心，是事情能否成功的前提條件。古人云：「疑事無功，疑行無名。」「畏首畏尾，身其餘幾。」缺乏決心和信心的人，往往優柔寡斷，常常錯失良機，這正如俗話所說：「太剛則折，太軟則廢，當斷不斷，反受其亂。」自信是成功的第一步，缺乏自信是失敗的主要原因。一個人如果對自己所從事的工作沒有自信，那麼，他就會連一點小困難也克服不了。俄國大詩人普希金說道：「大石擱路，勇者視為進步的階梯，弱者視為前進的障礙。」只要相信自己的力量，樹立必勝的信心，盡自己最大的努力，是一定會獲得成功的。企業經營者，又何嘗不是如此呢？

另外，導致失敗的原因還有：急躁輕率，盲目蠻幹。有些人不研究事物發展的必經過程和階段，不瞭解其發展規律，抱著急於求成的心情輕率地盲目蠻幹，結果遭到了失敗。俗話說：「欲速則不達」，想快反而慢，要想在工作中取得成功，必須遵循事物發展的客觀規律及其發展進程，有計畫、有步驟地進行，並要有百折不撓的堅強意志。只有那些勤於思考、善於安排的有心人，才有可能取得成功。在工作進行的過程中，需要有一種百折不撓、堅持到底的堅強意志，不能被困難所嚇倒。聞名於世的大作曲家貝多芬說：「卓越的人一大優點是：在不利於己的遭遇裡百折不撓。」從事任何事，先要決定志向，志向決定以後，就要全力以赴毫不猶豫地去實行。

犯錯誤，遭受挫折和失敗，這是壞事。錯誤和失敗造成的困惑是痛苦的。但是，在邁向成功的道路上，錯誤和失敗是不可避免的，它具有重要的價值。

首先，錯誤和失敗是邁向成功的階梯。任何成功都包含著失敗，每一次失敗是通向成功不可跨越的臺階。

愛因斯坦指出：「正確的結果，是從大量錯誤中得出來的，沒有大量錯誤做臺階，也就登不上最後正確結果的高峰。」老科學家霍華德認為，失敗是達到成功的大道，因為每一次發覺虛假的東西後，便使我們誠懇地去尋找真實，指出一些錯誤方式以後便會小心避免再犯。有志氣、有作為的人，並不是因他們掌握了什麼走向成功的祕訣，而恰恰在於他們在失敗面前不唉聲嘆氣、不悲觀失望。

大發明家愛迪生經過六千餘次的失敗，才終於發明了電燈，給世人帶來了黑夜中的光明。他在總結這段經歷時說：「我對電燈問題，鑽研最久，試驗最苦，但是從未灰心，更不信它試驗不成！失敗和成功對我一樣有價值。」

著名藥物學家歐立希發明一種名叫砷礬納明的新藥，這種藥能夠治療梅毒病和昏睡病。他在試製過程中，遭受過六百零五次失敗，這使他痛苦萬分，但他並未就此止步，而是繼續堅持試驗，終於在第六百零六次時成功了。

因此，歐立希把這種新藥命名為「606」。一盞電燈要試驗六千多次，一種新藥要試驗六百零六次，這中間經歷了多少艱辛！

然而，最後的成功正是孕育在千百次的失敗之中。其實，成功與失敗並沒有絕對不可跨越的界限，成功是失敗的盡頭，失敗是成功的黎明。

失敗的次數愈多，成功的機會亦愈近。成功往往是最後一分鐘來訪的客人。成功與失敗的差距只在完全做對一件事情和幾乎做對一件事情。

其次，錯誤和失敗是對人的意志的嚴峻考驗。不明智的人，在成功面前就會驕傲自滿；清醒的人，在失敗面前更能鍛鍊自己的意志。我們在逆境中的表現是對我們是否成熟和素質優劣的最好檢驗。真理在燧石的敲打下閃閃發光，失敗就是錘鍊人意志的燧石。那些獻身

於人類偉大事業的創造者，在接連不斷的挫傷和失敗面前，不但沒有被壓倒，反而變得更加堅強，表現出了堅定不移朝著既定目標前進的英勇氣概。

一次歡樂的體會不可能永恆存在，它是有始有終的，那麼當歡樂的體驗消失後，多少總會有不快的事情出現，甚至是一些大的痛苦出現。生活不可能一帆風順，歡樂之後出現意外，也是基本的生活規律。當然，也有極少數的人，會福星高照，連著走運，令人羨慕不已。不過這是極其罕見的，它往往只存在於人們的幻想裡，或者是文學作品之中。即便是現實生活中有一、兩個，那麼這種好事也不能伴隨其終生。或大或小的痛苦，總會出現在他的生活中，煩惱、苦悶、不順心的事，遲早會出現，這是由生活的本性所規定的，也是生活本性的表現。

在人的一生中，痛苦與快樂是交替出現的，這二者有其一必有其二，相互轉化，相互襯托，相互補充心理上的空白。痛苦與歡樂構成人生的節奏。

貝多芬在給別人的信中曾這樣說過：「我們這些具有無限精神的人，就是為了痛苦與歡樂而生的。幾乎可以這樣說：最優秀的人物經過痛苦才能得到歡樂。」

所以，儘管人們極力追求幸福，追求快樂，同時人們極力躲避痛苦，但是人生有痛苦則是無論如何也躲避不了的事。

人們能夠做的，只是如何縮短痛苦，減少、避免那些由於自身的原因所造成的痛苦。而在遇到痛苦之後，則力求化解痛苦，爭取幸福。

痛苦可以使人認識到在平常狀態下，尤其是在處於幸福狀態下無法認識到的問題。

在這個意義上，痛苦恰恰是一劑治療靈魂疾病的良藥，它可以使人清醒地思考人生的苦樂，認識人生的價值、意義，認清社會上各種在平時認識不到的問題。如果不得不面對痛苦，那就做好準備迎接它吧！

3 不要放過進攻的機會

機會來臨不要猶豫，馬上行動，這是你走向成功的必經之路。

比爾．蓋茲說：「你不要認為那些取得輝煌成就的人，有什麼過人之處，如果說他們與常人有什麼不同之處，那就是當機會來到他們身邊的時候，立即付諸行動，絕不遲疑，這就是他們的成功祕訣。」

人生中總是有好多的機會到來，但總是稍縱即逝。我們當時不把它抓住，以後就永遠失去了。

有計畫而不去執行，使之煙消雲散，這將對我們的品格力量產生不良的影響。有計畫而努力執行，這就能增強我們的品格力量。有計畫沒有什麼了不起，能執行訂下的計畫才算可貴。許多成功者之所以取得成功，就是因為他們敢想、敢做。比爾．蓋茲正是這樣的一個人。我們來看看最初的他是怎樣尋找賺錢的機會：他在承接資訊科學公司的專案成功後，信心大振，又與保羅・艾倫思考起了新的賺錢路子。

不久，他們成立了一家自己的公司，名為交通資料公司。

他們為什麼要辦這樣一家公司呢？當時，幾乎所有市政部門都使用同一種裝置來測量交通流量，這種裝置是由一個金屬盒子連接一條橫跨路面的橡膠管組成的。金屬盒中有一盤十六軌紙質磁帶，當有車從橡膠管上經過時，這臺機器就會在磁帶上打上0或1這兩個二進位碼。這些數字反映出車輛經過的時間和流量。市政部門雇用私人公司將這些原始資料譯成資訊以供有關工程師們分析研究，例如：以此來決定何時該亮紅燈或綠燈。

原先為市政公司提供服務的私人公司效率低而且要價高，這為蓋茲和艾倫提供了競爭取勝的機會。他們用電腦來分析這些磁帶，然後把結果賣給市政部門，他們比對手既快又便宜。蓋茲雇用湖濱中學幾個七、八年級的學生，把磁帶上的資料謄寫到電腦卡上，然後蓋茲把它輸入到電腦裡。接下來，他用自己設計的程式將這些資料轉換成易讀的交通流量表。

當交通資料公司開始正常運作後，艾倫決定製造自己的電腦以便直接分析磁帶，這樣就可免去手工勞動了。於是，他們聘請了一位波音公司的工程師來協助設計硬體。蓋茲拿出三百六十美元，購買了一個英特爾公司的新型8008微處理器晶片。他們將一臺16軌紙質磁帶閱讀器連接到這臺電腦上，然後把交通流量記錄磁帶直接輸進去。

與後來的微機相比，這臺「土制」電腦是非常原始的，只是勉強能用而已，還不能保證它不故障。有一次，蓋茲洋洋得意地在餐廳向一位市政官員演示他的交通資料電腦時，機器就突然卡住了，蓋茲搞了半天，機器就是不聽使喚。那位官員因此失去了興趣。蓋茲覺得很沒面子，便向他母親求助：「告訴他，媽媽！告訴他，它確實能工作！」

蓋茲和艾倫利用交通資料公司賺了大約兩萬美元。但是市政公司並非天天需要進行交通流量分析，因此，這是一種越做越小的生意，公司不會有多大發展前途。當蓋茲為交通資料公司招攬生意時，他又萌發了一些新的賺錢計畫。

不久，蓋茲又與埃文斯合作成立了一個「邏輯模擬公司」。

邏輯模擬公司的業務範圍包括設計課程表、進行交通流量分析、出版烹飪全書等。蓋茲此時的生意經驗畢竟還很稚嫩，只能說處於摸索階段。他的公司業務範圍如此廣，看起來賺錢的機會更多，其實不然。這樣沒有明確的業務範圍，自然也沒有固定的客戶，賺錢必然有限。

一九七二年五月，在他們結束三年級前夕，湖濱中學校方授權他們設計全校四百多名學生的課程表程式。校方希望這套電腦軟體可以從秋季72～73學年開始啟用。湖濱中學原本是讓那位受雇於該校教授數學，並幫艾倫設計過電腦的前波音公司工程師，從事這項工作，但不幸的是，此人死於一場墜機事故。於是，這個任務就落到了蓋茲和埃文斯肩上。

真是禍不單行，接受任務不到一週，肯特．埃文斯在一次登山事故中不幸遇難。悲痛的蓋茲要求艾倫來幫助他完成這項工作，他們約定在當年夏天，艾倫放暑假回來後，共同來完成這項任務。

夏天剛開始，蓋茲去了華盛頓特區，當了一名眾議院服務員。這份工作是他父母透過國會議員布羅克．亞當斯找到的。蓋茲很快就顯露出他的經商才能。他以每枚五美分的價格買進五千枚麥戈文與伊格爾頓紀念章。當麥戈文把伊格爾頓擠出總統候選人名單時，蓋茲就以每枚二十五美元的價格出售了這些日漸稀少的像章，從中贏利幾千美元。

當國會夏季休會時，蓋茲回到西雅圖，與艾倫一起進行設計課程表的工作。他們利用上次與資訊科學公司的交易中得到的免費電腦機，來進行這項程式設計。同時湖濱中學也為設計課程表的電腦機時支付了費用。

任務完成後，他們最後獲得了兩千美元的酬金。與資訊科學公司的那筆交易相比，這只能算是為母校做貢獻。當然，這也是蓋茲和艾倫心甘情願的，後來他們發達後，為湖濱中學捐了兩百二十萬美元。他們還將捐款所建的演講廳命名為「埃文斯」廳，以紀念那位過早夭折的戰友。當然，這已是後話。

課程表軟體設計取得成功後，蓋茲又繼續尋找其他機會賺錢。他發函給周圍的學校，表示願意為它們設計課程表程式，並提供九五折優惠。

他在聯絡信中說：「我們應用了一種由『湖濱』設計的獨特課程管理電腦系統，很榮幸地向貴校推薦這一產品。服務上乘，價格優惠——每個學生收費22.5美元。盼有機會進一步與貴方商洽此事。」

可惜，他的業務推廣未取得效果。因為不是每個學校都需要這種服務。

後來，比爾．蓋茲終於攬到一筆生意——為華盛頓大學實驗學院設計一套學籍管理軟體。他這筆生意是跟華盛頓大學學生管理協會洽談的，正好他的姐姐克莉絲蒂娜是該協會成員之一。當學校的報社瞭解到她的弟弟是該項設計的承接人後，便指責管理協會以權謀私。

結果，蓋茲從這項設計中賺得很少的錢，大約只有五百美元。真可謂「沒吃到羊肉，反惹了一身腥」。

蓋茲雖然聰明，以他當時的電腦水準，肯定不會有多了不起，但這種賺錢心切的態度，確實很了不起。他畢竟只是個十幾歲的中學生，卻到處找門路賺錢，發財的欲望如此強烈，焉能不發財？

很多事就是這樣，當你有達到某一目的的強烈願望，並以這種願望做為行動的內驅力時，就極有可能達到目的。

這是因為，不管聰明也好，愚蠢也好，都不可能要風得風，要雨得雨；也不可能處處倒楣，步步不順。如果達成目的的願望不夠強烈，一遇到不順利，就可能退縮不前，又怎能步入後面的順境？而具有堅定信念的人，眼光盯著自己的目標，不以一時一事動搖自己的決心。這樣，將逆境闖過去，在順利時求發展，自然能一步一步走向成功。

以上事例告訴我們，要想成就一番事業，就要敢想、敢做，勇於嘗試。與其不嘗試而失敗，不如嘗試了再失敗，不戰而敗是一種極端怯懦的行為。

如果想成為一個成功者，就必須具備堅強的毅力，以及勇氣和膽略。

當然，敢冒風險並非鋌而走險，敢冒風險的勇氣和膽略應是建立在對客觀現實的分析基礎之上的。順應客觀規律，加上主觀努力，力爭從風險中獲得利益，這是成功者必備的心理素質。

4 先撿芝麻後摘西瓜

在麻將桌上，有些人由於貪大的心理，只看大胡而不看小胡，其結果讓人可想而知。大家知道，一篇好的文章，是作家事先構思，再由一個個字寫成的。

在商場上，經常會聽到這樣的話「先撿芝麻後摘西瓜」，這話的意思是想做大，就要從小做起。人活著不能沒有自己的選擇，不能沒有自己心中的夢想，但要記住的是，千萬不要讓你的夢想只變成遙不可及的幻想。

當然，每個人的夢想不是一下子就能實現的，但這也沒有什麼關係，你可以「先撿芝麻後摘西瓜」。所謂的「先撿芝麻」就是為自己實現夢想所做出的準備。

曾經有一個人就是憑藉著這種精神而改變了自己的人生，他的經歷不時給我們一些啟示，眼前雖然我們不能夠實現自己心中的夢想，但只要方向正確，最後可能達到比原先更大的目標，此人便是已辭世的麥克·萊頓。

他的奮鬥故事使許多人的人生之路得以照亮，因而成為受人景仰的英雄。麥克．萊頓生長在一畸形的家庭，父親是個猶太人（對天主教徒十分排斥），但母親反而是個天主教徒（也十分反對猶太人）。

在他很小的時候，母親一遇到自己不順心的事就喊著要自殺，或是拿起吊衣架毒打他。就因生長在那樣的家庭，以致他從小個性畏縮且身體孱弱。

但之後他在那部叫座的電影《草原的小房子》中，卻扮演了那個英爾索家中的家長，堅強而信心十足的個性留給了大家深刻的印象。

麥克的人生為什麼會充滿契機呢？

麥克從小就是個十分熱愛體育運動的孩子，在高中一年級的某一天，體育老師帶著麥克所在的班前往操場學習投擲標槍，正是這次經歷改變了他的一生。

那天他努力一擲，標槍飛過所有同學的記錄，整整多出三十英尺。此刻，他猛然明白自己將會大有作為，後來在接受《生活》雜誌採訪時，他回憶說：「就在那天我突然醒悟，原來我完全有可能比別人做得更好，隨即便向體育老師借用那支標槍，整個夏

天，我在操場不停地擲。」

麥克找到了讓他興奮的未來，並且全力以赴，他取得令人吃驚的結果。暑假結束後，返回學校時他的體格改變了許多，並且在隨之而來的一年中，他特別注重增加重量訓練，提高自己的身體素質。高三時，他參加了一次比賽，他的標槍成績是全美高中生最好的記錄，這也使他獲得南加州的體育獎學金。

用他自己的話來說：從一隻「小老鼠」轉變成為「大獅子」，這話多麼貼切啊！

麥克有這樣神奇臂力的另一個原因是，他深信他的頭髮與聖經中大力士參遜一樣是力量的源頭，頭髮越長臂力越大。可是這個念頭在高中時行得通，但在五〇年代的南加州，對那些流行小平頭的人卻行不通。

有一天，其他運動員對他動了粗，剪掉了他認為是力量泉源的頭髮。雖然大家不再對他指指點點，可是他因為頭髮的失去而失去了原先的力量，投擲時成績大大下滑，比以前少了三十英尺。為了恢復以前的水準，他苦練時不慎受傷，醫生檢查後告訴他必須永遠退出運動生涯，他因此失去了體育獎學金。

為了謀生，他被迫到一家工廠做個卸貨工人，他的夢想似乎已破滅，再也別想成為一名令人矚目的運動明星。也許是幸運之神的眷顧，有一天好萊塢星探發現了他，邀他在電影《鴻運當空照》中充當配角。

那時，這部片是全美電視史上的第一部彩色西部片。麥克加入演藝界便一發不可收拾，先當演員，再做導演，最後成為製片人，他的人生從此鴻圖大展。

一個夢想的幻滅常常是另一個未來的開始。麥克起初想當個運動明星，這個追求令他鍛鍊強壯的身體，隨之而來的打擊又一次磨練他，為他今後的人生打下了牢固的基礎，成就了另一番事業，使他擁有更輝煌的人生。

人生中不如意十有八九，若一個人想取得成功卻抱著「玩玩」的態度是行不通的，他必須付出全部的力量，從點滴開始做起，當你完成了挑「芝麻」的準備工作，就會摘取「西瓜」。

5 看住對手才會贏

麻將是一種鬥智的遊戲，而做生意，也是一種鬥智的遊戲。如果你是一個生意人，那麼就要把握好怎麼樣去與對手鬥智。

可以斷言，任何成功（包括打麻將），必須是綜合多種謀略運用的結果，而其中最關鍵的一步，則是某一計謀的成功運用。

第八章

贏家祕訣

凡打過麻將的人都清楚，為什麼他打那張牌？他何時打出什麼牌，如果你記憶力好，水準差點都不要緊。

牌譜對實戰形勢有這樣的明訓：「我不知不扣，我欲知則扣」，這是經驗的集中概括，然而能做到此步，就需養成觀察形勢和記牌的習慣。在牌局進展過程中，下家要什麼？捨什麼？誰家吃什麼？碰什麼？都必須逐張記住，瞭若指掌。尤其是進入停張叫和階段，更應記住各家的摸打順序。

發

1 學會察顏觀色

大臣服侍皇上，最多用的一句話是：「皇上，有句話不知當講不當講？」直到皇上說：「講吧！」大臣才敢發言。這就是會看臉色。學會看天氣，你出門就得有準備。學會看臉色，你就成功一半了。

講個實例，讓讀者們輕鬆一下。

某經理的女祕書，突然發現經理的褲子拉鍊沒有拉上，大門洞開，十分不雅。本想上前去告知，而經理正和幾個重要客戶在談生意，如果此時上去「童言無忌」，肯定會傷了經理的面子。

但不講又不行，這可是經理的形象，也是公司的形象啊！

女祕書靈機一動，計上心來：「經理，車庫的門你鎖了沒有？」

經理一愣，鎖門的事不是有司機嗎？哪輪得到要我來鎖門？

經理又一想，女祕書聰明過人，絕不會問這毫無理由的事。一低頭，哦，原來是這個「車門」沒有鎖。

由此可見，察顏觀色、見機行事在我們的生活中何等重要。

整個打麻將的過程，是一種相當複雜的心理活動過程。心理，是大腦機能的一種表現，也是對周圍環境的適應而產生的。客觀事物作用於感覺器官，引起腦的活動，在無條件反射聯繫的基礎上，形成種種條件反射聯繫，成為心理的物質基礎。最初出現的心理現象僅是感覺，隨後，在外界環境的影響下，感覺才逐漸分化和複雜化，並由此出現了知覺、記憶、思維的萌芽。所以說，心理也是感覺、知覺、記憶、思維、情感、性格、能力的總稱，是客觀事物在腦子裡的現實反映。

所謂麻將獲勝的心理戰術，就是在打牌過程中，運用大腦機能進行鬥智的一種方法。在麻將規則允許範圍內，透過感覺、記憶、思維等行為，融貫到技巧之中，去戰勝對方。

睫毛是牌戰中的「間諜」。

人的一舉一動是由大腦所支配的，既然心理是腦的機能，就常常透過眼睛表達出來。平常，人們對一些頗有心計的沉默者，愛冠以「眼睛會說話」的美名，意在眼睛之背後，有許多潛臺詞正在表露。麻將遊戲也不例外，它本是以手、眼、嘴配合的一項娛樂活動，而該說的當用嘴說（如喊吃、碰、槓、胡等），所剩的莫過於眼與手的配合了。正因為如此，稍有疏忽，你的牌姿祕密便被眼睛予以暴露。

比如：你是這副牌的莊家（即東家），除已完成的組之外，七張手牌是：三、四、四筒，東，發、發、發。

進入了一入聽牌，尚未叫胡。這時，有人打出一張東風入「海」，你手頭雖只有一張東風，但無形之中，被別人捨出的東風對你來說，是一個瞬間的刺激（因你留一張「東」在手，且又是這鋪牌的東家不用說，打心裡奢望有一副「東」的對牌）。這時，你必定為別人捨東風而婉惜，又為東風的出現，覺得手內之風已無留待之必要，於是，你的視線便會無意識地向自己手牌一瞥。如果打家稍加留意，透過你眼睛的一瞥，但又無碰牌樣子，便已眼明三分，知你牌內有張東風。

下這種牌姿：

西，三、四、四、五索，三、四、五萬，二、二筒，八、九筒。

也是一入聽狀態，無論碰出西風或二筒（得碰時應切捨四索），一時注意力集別人捨出的每張牌上，一旦別人打出一張南風或是北風，心裡都會情不自禁地一怔，為了證實別人切捨之風牌與自己手裡的風牌是否相符（明知不符，也不死心），會不自覺地把眼睛從「海」內的風牌移到自己手牌內。誠然，明眼的牌壇老手，很快就會明白：你手牌內必有一對風牌。於是，他在迫不得已要打風牌時，會主動將切牌送至你面前，故意向你挑釁。對方之舉動有時會使你納悶：「他怎麼知道我有一對風牌？」殊不知你的眼睛早已「出賣」了情報。

又如，你手牌中有五、六、六萬的複合面子，當上家打筒子或索子之時，你會不屑一顧地揚手去摸牌。然而當上家打出一張五萬時，雖非你能吃進之牌，但在這一瞬間，你會下意識地暫停揚摸手牌動作，而慌忙一瞥自己手內牌姿，然後才繼續摸牌動作。僅此一步，上家便知你不要五、八萬，而偏吃四、七萬無疑。

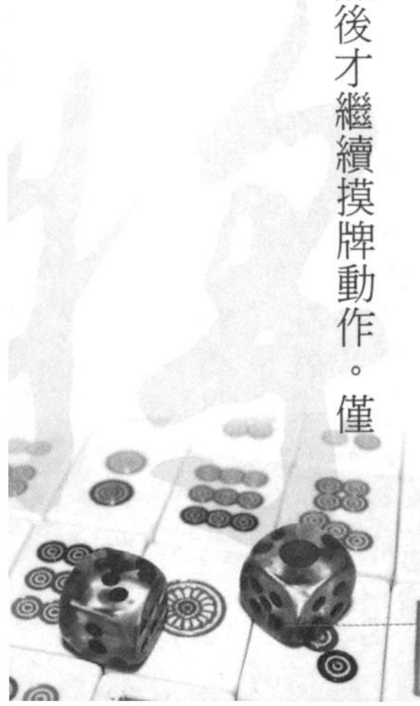

人的眼睛是最快且又最老實的，嘴上愛說謊的人，眼睛從不說謊，而之所以察覺他在說謊，很大程度是他的眼睛所揭露的，這也許就是眼與嘴的矛盾吧！所以，在牌桌上，祕密就蘊藏在你目光一瞥自己手牌的剎那和微動的睫毛內。關鍵是看你注意不注意了。

有時，單憑對方的捨牌相來推測的手牌，並非易事，而由其目光輕微的瞥動來加以彌補，往往不難追究出他手牌的情勢和動態。

至此，我們不妨再提一下，欲推測對家牌姿，必須隨時注意對方的「間諜」是否在活動。有時，一舉步間，會誘出相當有價值的情報來。例如，「海」內已有三張發財，即使你摸入第四張發財，也絕不放過切捨之機會，雖說是第四張絕對安全牌，若隨隨便便順手拋出，實在可惜，在切捨之前，故意全神貫注地巡視盤面，趁機注意各家之表情，然後突然捨出。這時，可能會出現不同之表情：

忖之一笑。意思說你神經過敏，「海」內已有了三張，還那麼緊張？似乎可笑。

做「斷么」或「平胡」的人，對你的捨牌毫無表情。

不自覺地往手牌內一瞥，在微動睫毛之一瞬間，說明他牌內有對子待碰，或是對子聽牌的碰碰胡。

總之，為了一張捨牌，對方睫毛一眨，情報已經傳出，只要留心觀察，一定能看出一些蛛絲馬跡來。

密切觀察動牌與不動牌，何謂動牌？何謂不動牌？

照說，麻將牌張張可以動，但由於牌面形象的不同，才分成人為的可動牌與不可動牌兩種（這裡的「可」，係指「需要」是也）。

娛樂者之中，人人性格各異，故打法不一，戰術不同，習慣不像。脾性不同，各有各的行為，各有各的想法。但是，有一點是相通的，即起手配牌的道理，都喜歡把手牌按屬種分類排列，豎牌正放而不願倒置。老實說，談到牌張的正豎與例置，恐怕眾多的牌友一時竟說不出麻將牌裡，到底有多少種牌是不分正反的，又有多少種牌只能正豎而不能倒置的？

花牌不說，麻將的一百三十六張牌裡，計有字牌和數牌三十四種，其中有二十種牌面是正反有別的，其餘的十四種牌面卻是正反不分的。例如：三箭四風裡的中、發、東、南、西、北六種字牌；萬子牌的一到九萬九種，以及筒子牌的六、七筒，索子牌的一、三、七索，都是以正向書寫刻製的，所以排列牌張時，只能正豎，而倒置不但看起來彆扭，也不是我們的習慣。

所以，娛樂者們每當起手配牌後，凡對倒豎的牌張，都會習慣地把它們一張張轉正過來。對這些牌，凡按視覺習慣而有正反朝向的二十種牌，牌譜內統稱之為動牌。

相反，風箭牌裡的白板，筒子牌的一、二、三、四、五、八、九筒，以及索子牌的二、四、五、六、八、九索等十四種牌，無論正放或例置，其牌面形象都是相同的。這些牌除了起手配牌只需列順次序之外，無需擺動，故稱之為不動牌。

開始的理牌過程中，尤其是規規矩矩、一絲不苟的人，凡遇到手牌顛倒放置，均會逐張將其矯正，且大多是無意識和習慣性地完成這些動作的。

那麼動牌與不動牌在戰術中有何參考價值呢？

假如對家九張落地，成三組牌姿，手牌四張，很可能是碰碰胡形勢。倘若四張手牌是二、二筒，西、西風的話，二筒牌面正逆相同，不必去動它。而西風原有一張進的一張成倒豎狀，這時，對家會無意識地將其扶正。你如細心觀察到他的這一動作，便初步可以肯定他碰碰胡叫聽牌中，一對是動牌，另一對是不動牌。你根據自己手牌及盤面形勢，哪些牌出現過，哪些牌尚未見過，就能把對家碰聽的動牌與不動牌範圍大大縮小，即可推測出他的待胡牌大致是哪些，以便於扣牌和控制。

又如某家三組碰張落地，手牌四張原是：三、三筒，東風與白板各一（這是對倒做牌者常留的牌形，東風是連風牌或場風、門風，白板是對子，均有對胡可得），一巡過來，他碰巧摸進一張白板，排在手牌四張之右，然後抽出東風打出，對倒始起叫牌。既然知道該家是碰碰胡大牌，摸進張子後又打出東風，說明手裡仍有帶對分的門風對子，但是，觀察之餘，並不見該家矯正四張牌的豎向，初步肯定他對倒的聽牌，仍是十四種不動牌中的兩種。

只要進一步觀察，再對照自己手牌佔據的牌張，大體可測出該家碰碰胡的不動牌是什麼了。只要推測無誤，這種監視動牌與不動牌的戰術，似乎使聽胡家打半明牌一樣。學會這種本領，在牌局中簡直讓人膽怯。

2 在最短的時間內出手

能夠把對手「挑落馬下」的人，其實沒有什麼絕招可言，只不過是在他們出手時，時間上比對手快了一點。

在激烈競爭的商場上，誰能在最短的時間內，發揮出自己的優勢，誰就能「稱王」。

在激烈競爭的商戰中，時間是戰勝對手的一個重要因素，誰在時間上領先一步，就有可能取得節節的勝利。只有做到這一點才能滿足新時代對人們的要求，並將你的技術革新變得方便實用，這樣，你就會牢牢地佔據市場，你也會以此為動力，不斷發展。

比爾．蓋茲在「卓越」軟體的開發上，所表現出來的眼光與膽識，就是很好的說明。

現代企業的發展隨著時代和社會的進步已經深深地打上了時間的烙印，對時間的有效利用漸漸成為衡量一個企業健康與否的重要尺度。

在商業競爭中，時間就是效率，時間就是生命，尤其是最具有現代產品性質的電腦軟體更是一種時間性極強的產品，一旦落後於人，就會面臨失敗的危險。

比爾．蓋茲在長期的實踐中，對這一點體會最深，正是憑藉著這筆難得的財富，他才能總在公司的若干重大危機關頭，採取斷然措施，搶在別人前面，因而獲得了成功。

「永遠比人快一步」是微軟在多年的實戰中，總結出來的一句名言。這句名言在微軟與金瑞德公司的一次爭奪戰中，表現得尤其淋漓盡致。

金瑞德公司根據市場需求，經過潛心研製，推出了一套旨在為那些不能使用試算表的客戶提供說明的「先驅」軟體。這是一個巨大的市場空白，毫無疑問，如果金瑞德公司成功，那麼微軟不僅白白讓出一塊陣地，而且還有其他陣地被佔領的危險。

面對這種情況，比爾．蓋茲感到自己面臨的形勢十分嚴峻，他為了擊敗對手，迅速做出了反應。一九八三年九月，微軟祕密地安排了一次小型會議，把公司最高決策人物和軟體專家都集中到西雅圖的蘇克賓館，整整開了兩天的「高層峰會」。

在這次會議上，比爾．蓋茲宣布會議的宗旨只有一個，就是盡快推出世界上最高速試算表軟體，以趕在金瑞德公司之前佔領市場的大部分資源。

微軟的高級技術人員們在明白了形勢的嚴峻之後，紛紛主動請纓。比爾．蓋茲在經過反覆的衡量之後，決定由年輕的工程師麥克爾掛帥組建一個技術攻關小組，負責這套軟體的開發技術。麥克爾與同仁們在技術研討會議上透徹地分析和比較了「先驅」和「耗散計畫」的優劣，議定了新的試算表軟體的規格和應具備的特性。

為了使這次計畫得到全面的落實和執行，比爾．蓋茲沒有隱瞞設計這套試算表軟體的意圖，從最後確定的名字「卓越」中，誰都能夠嗅出挑戰者的氣息。

做為這次開發專案的負責人，麥克爾深知自己肩上的擔子的份量，對他來說，要實現比爾．蓋茲所號召的「永遠領先一步」，首先意味著要超越自我，征服自我。

但是，事情的發展從來都不是一帆風順的，現實往往出乎人們意料。

一九八四年的元旦，是世界電腦史上一個影響深遠的里程碑，在這一天，蘋果公司宣布它們正式推出首臺個人電腦。

這臺被命名為「麥金塔」的陌生來客，是以獨有的圖形「視窗」，為使用者介面的個人電腦。「麥金塔」以其更好的使用者介面走向市場，進而向IBM個人電腦發起攻勢強烈的挑戰。

比爾．蓋茲聞風而動，立即制訂相對的對策，決定放棄「卓越」軟體的設計。而此時，麥克爾和程式設計師們正在忘我地揮汗工作，且「卓越」試算表軟體也已初見雛形。經過再三考慮，比爾．蓋茲還是不得不做出了一個心痛的決定，正式通知麥克爾放棄「卓越」軟體的開發，轉向為蘋果公司「麥金塔」開發同樣的軟體。

麥克爾得知這一消息後，百思不得其解，他急匆匆地衝進比爾．蓋茲的辦公室：「我真不明白你的決定！我們沒日沒夜地工作為的是什麼？金瑞德是在軟體發展上打敗我們的，微軟只能在這裡奪回失去的一切！」

比爾．蓋茲耐心地向他解釋事情的緣由：「從長遠來看，『麥金塔』代表了電腦的未來，它是目前最好的使用者介面電腦，只有它才能夠充分發揮我們『卓越』的功能，這是IBM個人電腦不能比擬的。從大局著眼，先在麥金塔取得經驗，正是為了今後的發

展。」

看到自己負責開發研究的專案半路夭折，麥克爾惱火地嚷道：「這是對我的侮辱。我絕不接受！」

年輕氣盛的麥克爾一氣之下，向公司遞交了辭職書。無論比爾．蓋茲怎麼挽留，他也絲毫不為所動。不過設計師的職業道德驅使著他盡心盡力地做完善後工作。

麥克爾把已設計好的部分程式向麥金塔電腦移植，並將如何操作「卓越」製作成了錄影帶。之後，便悄悄地離開了微軟。

愛才如命的比爾．蓋茲，在聽說麥克爾離開微軟後，在第一時間裡立即動身親自到他家中挽留，麥克爾欲言又止，始終不肯痛快答應。蓋茲只好懷著矛盾的心情離開了麥克爾的家。

麥克爾雖然嘴上說不回微軟，但他的內心不僅留戀微軟，而且更敬佩比爾．蓋茲的為人和他天才的創造力。第二天，當麥克爾出現在微軟大門時，緊張的比爾．蓋茲才算徹底鬆了一口氣：「上帝，你可總算回來了！」

感激之情溢於言表的麥克爾，緊緊擁抱住了早已等候在門前的比爾．蓋茲，之後，他專心致志地繼續「卓越」軟體的收尾工作，還加班工作為這套軟體加進了一個非常實用的功能——類比顯示，比別人領先了一步。

嗅覺靈敏的金瑞德公司也絕非無能之輩，它們也意識到了「麥金塔」的重要意義，並為之開發名為「天使」的專用軟體，而這才正是最讓蓋茲擔心的事情。

微軟決心加快「卓越」的研製步伐，搶在「天使」之前成功推出「卓越」系列產品。半個月後，「卓越」正式研製成功，這一產品在多方面都遠遠超越了「先驅」軟體，而且功能更加齊全，效果也更完美。因此，產品一經問世，立即獲得巨大的成功，各地的銷售商紛紛上門訂貨，一時間，出現了供不應求的局面。

之後，蘋果公司的麥金塔電腦大量配置卓越軟體。許多人把這次聯姻看成是「天作之合」。而金瑞德公司的「天使」比「卓越」幾乎慢了三週。這三週就決定了兩個企業不同的命運。

隨後的市場調查顯示：「卓越」的市場佔有率遠遠超過了「天使」。將競爭對手甩

在後面，微軟又一次給全世界上了精彩的一課。

在各式各樣的商戰中，誰在時間上贏得主動，誰就能領先一步，在行動中就有了取勝的主動權。這樣，你就會牢牢地佔據市場，你也會以此為動力，不斷發展。比爾·蓋茲在「卓越」軟體的開發上，所表現出來的眼光與膽識，就是很好的說明。

3 不要跟著別人走

無論做什麼事，如果只是一味地跟在別人的後面，就是你做得再好，也只能是第二。做人如此，經商也是如此。

因為，如果你老是跟在別人後面，那麼機遇永遠是別人的，自己得到的僅僅是別人丟棄的殘羹剩湯。聰明的企業家都不喜歡隨波逐流，他們日光獨到，喜歡獨闢蹊徑，走自己的路，創自己的業，開拓出一片屬於自己的新天地。

只有這樣，方成大器。

要想做到獨闢蹊徑，就要善於發現市場空白，善於捕捉機遇，將小機會變成大機會，將大機會變成更大的機會，進而建立自己的霸業。香港的盧氏兄弟和他們的萬和集團，就是這方面的佼佼者。

二十年前，盧氏三兄弟還分別是電工和學徒；而二十年後，他們卻是熱水器市場上

的佼佼者，擁有數億資產，他們的一舉一動，都令人矚目。那麼，當初他們是怎樣捕捉和把握市場機遇的呢？就讓我們回溯到二十年前，看看他們的創業故事吧！

那時候，盧氏兄弟開了個電器維修店，專門為鎮上的父老鄉親們修理電風扇、電視機。這樣的生意僅僅能夠維持溫飽而已。很快地，盧氏兄弟不滿足於此，急於尋找更多的賺錢機會。

經過一番觀察分析之後，他們發現加工模具比較賺錢。於是，他們湊齊了兩萬元，購買了一臺線切割機，開始加工模具。為了盡量多賺錢，盧氏兄弟們日夜輪班，一天24小時不停機。這樣做了一陣之後，終於有了一點小積蓄。但是，盧氏兄弟很快又不滿足這樣的賺錢機會了。

一九八七年，老大盧楚其辭去了工廠的工作，籌集了十萬元資金，和兩個弟弟盧楚隆、盧楚鵬一起，籌辦了城西電器廠，為當地的一家大型打火機廠研製生產關鍵部件：脈衝打火器的高壓變壓器。經過一番奮鬥之後，盧氏兄弟終於熬出頭了，城西電器廠每月已有了幾十萬元的毛利。

但是，盧氏兄弟不甘心只為他人做配角，他們的不安分和不甘為人後的意識越來越強烈了。這時候，他們更加深刻地認識到，要想大發展，必須尋找更大的市場機會。

一九九二年，他們成立了桂洲熱水器廠。

舉凡有志於獨闢蹊徑的人，都會有一種高處不勝寒的境遇。當盧氏兄弟選擇熱水器這個行業時，許多人都認為他們必將血本無歸，以失敗告終。

人們的想法並非毫無道理。那時候，在順德，已有神州和萬家樂兩家著名的大型熱水器廠，它們佔據了全國熱水器的大部分市場。這個時候入主熱水器行業，豈不是步他人後塵嗎？

但是，盧氏兄弟卻不這樣認為。在他們看來，雖然熱水器行業有兩隻猛虎攔路，但是，如果能在技術上獨闢蹊徑，必能出奇致勝。於是，明知山有虎，偏向虎山行。盧氏兄弟制訂了自己的策略：取其強，攻其虛。在對手最薄弱的環節猛下火力，攻其一點，殺出一條血路來。

怎樣才能在技術上獨闢蹊徑呢？盧氏兄弟決定走出去，向別人學習先進的經驗。

不久，盧楚其利用去日本出差的機會，從日本多田公司搬回了一臺新一代點火裝置的熱水器。盧氏兄弟日夜攻關，對它進行一番研究、改進，終於研製出脈衝式點火裝置的熱水器，並成功地申請並獲得了國家專利。

一九九二年八月，盧氏兄弟終於研製出中國第一臺超薄型水控式燃氣熱水器，即我們現在經常使用的水閥一開熱水即來，不需留火種的熱水器。這種技術上別具一格的熱水器產品，一經推出便引起了轟動，被列入了國家星火計畫項目，並且由此翻開了中國熱水器史上新的一頁。就連一向傲慢的日本人，都對盧氏兄弟佩服有加，豎起拇指稱讚道：「比我們日本人還厲害！」

盧氏兄弟這回果然厲害：

第一年，萬和試產五個月，創下產值兩千萬元！

一九九三年，創下產值1.5億元！

至此，盧氏兄弟以獨闢蹊徑的生產技術在熱水器市場上異軍突起，一舉進入了熱水器五強。

但是，盧氏兄弟並沒有就此滿足。盧楚其清醒地認識到，自己獨創的熱水器技術有著廣闊的市場前景，而熱水器市場又有著無限的發展空間。因此，他決心大幹一場，不斷擴大自己的市場佔有率。

一九九四年，萬和再度開發出國內首創的超薄型十升微電腦強排式全自動燃氣熱水器，並再次列為國家星火計畫項目，當年創產值數億元，產銷量居全國第二位。萬和的出現和崛起，讓熱水器四大家族四分天下的壟斷美夢徹底破滅，而取而代之的是萬家樂、神州、萬和三足鼎立的局面。

萬和企業不僅生產技術獨樹一幟，而且它的發展戰略也與眾不同，很有自己的特色。因此，經過數年的累積之後，盧氏兄弟的萬和集團已經形成了自己的特色，形成了強勁有力的市場競爭力。目前，熱水器市場上，萬和的發展態勢強勁，正以傲人的業績持續發展呢！

4 審時度勢是上策

一個精明的企業家心中應該時時有「這山看著那山高」的思想，只有這樣，他才懂得如何在現有的基礎上，使自己的企業「更上一層樓」，把企業推向一個又一個新的臺階。而我們經常看見的是：有些人在創業之初雖然表現出了他似乎非凡的才能，但當他的事業有了一定的規模之後，卻在原地打起了轉來，找不到拓展的方向。

審時度勢，是每個企業不可或缺的觀念。名人的成功使人們得到了一個啟示：如果你想使自己的人生更價值，就要更新自己的觀念，就要有：這山看著那山高的思想。只有這樣你才能在人生的道路上不斷地做出正確的選擇，進而使自己從成功走向卓越。

5 視野要開闊

你既然選擇了人生的方向，就要時時地記住自己肩負的使命，不要隨意地放棄，放棄是一種不負責任的態度。連對自己都不負責任，還有誰能對你負責任呢？

要想實現自己的追求，就要不停地向目標邁進，一個沒有進取精神的人，只能待在自己的小天地裡，如井底之蛙，這是平庸者最主要的特徵。

相反地，那些擁有積極進取精神的人，總是一步一步地接近自己的目標，直至達到自己所期盼的人生境界！

在那些成功者看來，開闊的視野可以帶來機遇。

巴爾塔是一位木匠的學徒，當他被派去做衣櫥時，他的週薪只有四百美元。當完成工作後，他發現那些客戶對自己能善於利用空間以及他的手工品質而感到高興時，巴爾塔想到了一個點子，他用從他第一位客戶那兒賺到的工資，開了一家加州衣櫥公司。

巴爾塔就憑著當時深受歡迎的「將擁擠的衣櫥，轉變成能有效利用的空間」需求，在十二年內，就擴大成為全美擁有一百多家加盟店的大企業，也引起其他衣櫥製造業者一窩蜂跟進。

巴爾塔便在一九八九年，將他的公司以一億兩千萬美金的價格賣給了威廉斯·索諾馬。

巴爾塔可以做為一個木匠而感到滿足，因為他能認清自己的能力，他獲得的成功甚至超過了當初的夢想。

在那些成功者看來，開闊的視野可以給人帶來財富。

貝斯和蓋斯勒，是一九六〇年費城一家電視公司的製作人。他們發現錄影帶比影片具有更強的市場適應性，雖然他們並非一流的製作專家，但他們決定開創自己的事業。

於是，他們成立了一家錄影公司，由於還無法製作一流的節目，故決定提供一些其他有價值的服務：他們提供最好的設備和空間，給其他製作公司使用。雖然他們很早就進入這一行，但是他們仍然面臨競爭。為了佔有市場，他們不惜冒風險和可能沒有付款能力的人簽約。

貝斯和蓋斯勒也瞭解更進一步的道理，他們知道：他們的客戶同樣必須滿足自己的客戶，故除了提供設備、空間之外，他們還提供客戶一些最新技術，就像蓋斯勒在接受《成大事雜誌》訪問時所說的：「我們告訴客戶他們可能想都沒有想到的技術，他們得到好評，而我們得到付款。」

貝斯和蓋斯勒的公司目前除了製成一些表演節目之外，還為錄影技術人員提供訓練講座，他們還為一些公司如IBM、花旗銀行等，提供公司內部通訊服務，也就是提供將位於紐約、洛杉磯等不同城市的人員連線以便召開電視會議的服務。

貝斯和蓋斯勒，並非最先洞察視訊系統在未來市場上會擁有一片天的人，但由於他們有採取行動、制訂計畫、承擔風險和提供他人沒有提供的服務的進取心，使得他們成為這一行的第一人，贏得了生存的優勢。

在那些成功者看來，開闊的視野可以給人帶來創造。你的人生目標可能是有一天自己當老闆，即使你志不在此，或是距成大事目標尚遙遠，培養自己開闊的視野還是會為你帶來好處的。

艾美是一家子公司的行銷策略人員，她看準了該公司視為失敗的一項產品：白雪洗髮精。它是一種價格低廉，而且不含添加劑的洗髮精，這種洗髮精沒有華麗的包裝，但卻能吸引講究價格的消費者。

於是她決定再次為「白雪」全力以赴，並將它再呈給管理階層，告訴他們「白雪」的價值所在。最後管理階層接受了她的提議，而「白雪」竟成為該公司銷售最好的洗髮精之一。

由於「白雪」銷售成功，艾美成為該公司一家分公司的負責人。於是，她研創了一系列新的護髮產品，而這些產品最後也都成了市場寵兒。如今艾美已成為布瑞爾通訊的執行副總裁，該集團所從事的正是市場行銷服務。由於她不斷地

以自己開闊視野的為公司引進更多、更好的產品，使今天的職位可說是實至名歸。

她的公司同樣也瞭解她願意提供超過她應該提供的服務，哈佛商業學校也頒給她「馬克斯和柯恩卓越零售獎學金」，而《美金和意識》雜誌稱許她為「前一百名商業職業婦女」之一。

當你選定了人生所追求的目標時，你的視野就應該變得越來越加開闊，因為開闊的視野不僅會給你帶來更多的機遇和更多的財富，同時還會使你更具創造性，讓你一步步走向成功的明天。

發

6 勇氣+信心=成功

成功需要勇氣。這是每一個成功人士常說的一句話。因為任何人做任何事情都很難保證永遠一帆風順。陷入困境的時候總是存在的。

因此，面對困境，特別是持續時間較長的困境，唯有堅毅的勇氣和信心才能與之抗衡。面對困境，那些成功人士的態度是怎樣的呢？

1、他們能夠保持冷靜的頭腦。商界王者能夠辯證地看待困境。在他們看來，任何困境都是一分為二的，有利也有弊，有弊也有利。身處困境之中，自己的事業往往會受到不同程度的打擊，信心也會備受侵蝕，事業成功的難度也增加了。這當然是困境的負面作用。但是，困境也有積極的作用，它可以促使人們保持平靜的心態，冷靜的頭腦，克服傲氣，防止盲目衝動。

2、有利於即時發現潛在的問題。身陷困境更能令人反省自己，即時發現存在的問題，及早找出解決辦法，減少損失。

3、身陷困境更利於磨練人的意志。如果一個人被困難所嚇倒，灰心喪氣，無所作為，他永遠也不會成功的。真正的商界王者能夠正視困境，積極主動，迎難而上，努力尋求解決辦法，而且他們堅信，勇者無懼，成功早晚有一天屬於他們。

提起「白蘭」系列洗滌用品，無人不知，但提到「行銷大王」洪老典，也許你知之甚少，因為他是一個不愛張揚自己的人。

洪老典，一九三三年出生於臺南縣善化的一戶貧窮人家。

那時候，洪家的家境貧寒，兄弟姐妹又多，一家人的日子過得十分清苦。為了減輕父母的生活重擔，洪老典國中畢業就離開學校，到處找工作。

不久，他考入鐵路局，謀到了一份不錯的差事。但是，他很快就發現不讀書不行，沒有知識，將來是很難有大發展的。於是他在賣力工作之餘，一有時間就停下來讀書，不久，他又去鐵路局訓練所進修。

他的進步很快，半年之後，被提拔為火車司機助理；三年之後，被升為火車司機。

這樣的進步是十分令人驚羨的，而且，他的工資也漲了不少。

但是，洪老典並不覺得滿足。他的家境實在太清貧了，兄弟姐妹都需要他的接濟，這點薪水哪裡夠用呢？為了補貼家用，他開始利用下班時間拼命賺錢。

該做點什麼好呢？他進行了許多次市場調查，發現百貨生意比較好做，而且進帳較快，是一條可行的路。於是，找到了幾位和他處境相似的工友，每人出資一部分，合夥在高雄市做起了百貨批發生意。

那時候，一邊上班一邊做生意，往返奔波，十分辛苦。洪老典一點也不在乎。他心中只有一個信念：要做就一定要做出點名堂來！

他絞盡腦汁，使盡渾身解數，終於有了驚人的回報。僅用三年時間，洪老典便在當地的百貨業界出了名，人們稱他是一枝出牆的紅杏。

洪老典兼職做買賣，原來只想掙點錢補貼家用，沒想到賺的錢比上班時多很多。經商賣貨，初戰告捷，大把的鈔票流進腰包，洪老典眉開眼笑，心中萌發了這樣的念頭：為什麼不辭掉公職出來做生意呢？

為了穩妥起見，他先全面衡量評估自己，重新認識自己，找出特長。他發現，自己的特長就在於社會活動能力較強，善於溝通，對人的心理瞭解得較透徹。

於是，他斷然決定，馬上辭掉公職，和幾個志同道合的朋友一起出來打天下。他們合資創辦了一家直銷公司，專門推銷化工鉅子利臺化工公司總經理莊萬聯研製生產的洗衣粉。

為了使自己盡快成為行業權威，洪老典親自來到利臺公司下屬的工廠，深入廠房，詳細瞭解洗衣粉的生產過程，虛心向莊萬聯求教。

洪老典虔誠、好學、凡事追根究底，一定要弄通、弄透方肯罷休。莊萬聯見他如此好學，也悉心指點他，他的銷售業績也飛速增長，成為所有經銷商中業績最好的「直銷太子」。不久，洪老典被莊萬聯提升為利臺化工公司的業務經理，全權負責公司所有產品的推廣和行銷。

洪老典出任公司業務經理之後，決心放開手腳大幹一場。上任開始，他就對公司陳舊的行銷方法和行銷方式進行大刀闊斧的徹底整頓。將原來「由洗衣店和開發經銷商推廣」的點線式推銷，改變為「飛入尋常百姓家」的面對面直銷。

這樣的好處是顯而易見的，顧客可以更便捷、更直接地接觸到產品。而且為了強化演示效果和溝通效果，洪老典特地組了一支由流行樂隊和二十多名漂亮女業務員組成的廣告公關車隊，到全台各個大小城鎮去宣傳產品，贈送樣品，做示範，教導消費者如何使用產品，然後面對面溝通，解釋各種疑難問題，直接推銷產品。

為了鼓舞士氣，洪老典和莊萬聯還親自開著吉普車，和流行樂隊的演員、歌手們一起載歌載舞，宣傳產品，又和女業務員們一起向各地消費者散發樣品，徵詢意見。

就這樣，洪老典用了三年多時間，吃盡苦頭，跑遍了大小城鎮鄉村，到處出擊。果然不出所料，這樣的宣傳效果奇佳，取得了家喻戶曉的知名度。從此，莊萬聯的洗衣粉成了民眾的首選品牌。

但是，洪老典仍不滿足於此。為了進一步拓展市場，擴大銷售業績，他全心投入到直銷工作中，全面瞭解各地的市場行情、人口分布狀況、風俗習慣、商業網點、消費態勢，掌握第一手資訊，為市場擴張做好充分準備。

皇天不負苦心人。很快地，利臺化工公司的洗衣粉銷售額由兩百箱提高到兩千箱，之後又猛竄到三千箱。年銷售額達三千萬英鎊！

同年，洪老典被提升為公司副總經理。不久，又升為公司總經理。

洪老典出任利臺化工公司總經理之後，決心大幹一場，將這個民族品牌發揚光大。正當他雄心勃勃準備大幹一場之際，卻遭遇了來自海外勢力的侵擾。

那時，號稱世界清潔劑霸主的美國寶潔公司，對臺灣市場虎視眈眈。正當政府鼓勵外商投資政策的時候，寶潔公司逮住了這個時機，公開向利臺化工公司叫板。面對來勢洶洶的美國佬，洪老典思慮再三，決定以退為進，採取迂迴致勝的策略和他們周旋。

於是，他與寶潔公司簽訂了合作協定：在三年內，美國寶潔公司按公平計算方式購買利臺化工公司。如果三年內不買，那麼寶潔公司必須立即退出臺灣市場。

簽訂協定之後，洪老典自以為得逞，以為這樣可以保存實力，以圖東山再起。哪知對方也絕頂聰明，很快就識破了他的緩兵之計，他們不計成本，僅用兩年時間便在臺灣洗衣粉市場站穩了腳跟，之後，更不惜血本，一舉吞併了利臺化工公司！

洪老典明退實進的緩兵之計終於釀下了大禍：莊萬聯被迫離開臺灣，遠走新加坡。而洪老典也被迫賣身，給美國寶潔公司的汰漬洗衣粉充當屈辱的總代理，為期三年。

這一年，洪老典才二十九歲，自以為得逞卻失算了，承受了令他羞憤交加的胯下之辱。

三年之後，洪老典終於鬆了一口氣。這一年，洪老典連同眾多的企業家，共同投資兩千一百萬元，在桃園創建了佔地高達五千多坪的「國聯工業股份公司」，力圖在五年內將洗滌用品的銷售量達到年均三千萬英鎊至四千萬英鎊，以便和美國寶潔公司一決雌雄。

經過了三年屈辱折磨之後的洪老典這次出山，志氣高昂，務求必勝。他深知積極的思想可以改變人生，為了激勵士氣，鼓舞人心，強化紀律，提高效率，他對公司員工實行軍事化管理，每天早晨七點半鐘，全體員工準時集合，高唱《國聯之歌》；之後，整齊劃一地做早操；然後，一切行動都按軍事化要求去做。

為什麼要這樣做呢？洪老典說：「商場如戰場，工廠如兵營，分部如前線。每一位應當時時刻刻樹立競爭意識，都應當有強烈的生存危機感。我們應當勇往直前，獲全勝，誓不為人！」

為了更加有利於市場競爭，洪老典對公司的組織機構進行了大改組，完全按照市場競爭的需要來設置各部門。而且為了搶佔市場制高點，洪老典獨創了由各個階層職員組成的確定業務目標與經營原則的最高決策機構：業務檢討會，讓生產、經營、財會、企劃、行政、後勤等各個部門負責人審視本部門和全公司一切工作的成敗得失，不斷截長補短，興利除弊，提高工作效率，最終形成一個高瞻遠矚、百戰不殆的「統帥部」。

組成了這樣的「統帥部」之後，洪老典便狠狠地祭出他的市場行銷絕招：

一、全盤掌握行銷主動權

為了掌握行銷主動權，他制訂的行銷策略是：「三年之內不賺錢，全部紅利做廣告！」這一捨命賠君子的公關策略，使洪老典佔據了市場主動。

二、設立業務管理部

洪老典是從直銷發跡的，他知道直銷的好處，遂取消經銷商，成立了龐大而高效的直銷隊伍，全力出擊，很快就佔領了洗衣粉市場的半壁江山。

三、創立重獎制度

為了挖掘員工的內在潛力，洪老典使出絕招，他不計得失，建立了一套獎勵制度，例如：五年以上年資的員工，自然變為公司的股東等。

這樣一來，極大地激發了員工的積極性，公司的凝聚力和戰鬥力也增強了。經過九年的勵精圖治，殊死抗爭，洪老典終於逼敗了美國寶潔公司，令他們灰頭土臉地退出了臺灣市場。

三十九歲那年，洪老典終於戰勝了，但他一點也不敢懈怠。他深知，市場競爭靠的是實力，只有實力雄厚，才能經得起風浪的打擊，才能立於不敗之地。

於是他潛心開拓，積極征戰。經過兩年多的穩妥經營，洪老典的實力又提高了不少。在四十一歲那年，他決定對公司的銷售結構進行戰略性調整：將原來的批發點和零售點的市場比例的5：1，調整為現在的1：3。

這調整看似簡單，卻是相當冒險的，而且，還會產生巨大的增值效應：它不僅提高了應收款的安全性，也縮短了放帳期，加速了資金的週轉與流通。

這一點全在洪老典的預料之中。

調整之後，零售點產生了超常規的發展，避免了產品久在深閨人未識的銷售困境，極大地提高了產品的市場競爭力。產品的市場銷量增加，又促進了產量的大幅度增加，促使產品的製造成本直線下降，進而零售價也隨之降低了。

從此，企業進入了良性循環，洪老典的洗衣粉開始暢銷不衰。他的事業蓬勃發展，出現了前所未有的發展機遇。但是，面對良好的發展狀況，洪老典並未得意忘形，而是居安思危，審時度勢，不斷調整自己的經營策略。

四十五歲那年，洪老典推出了他苦心研製出來的新產品：第一個洗滌用品系列——白蘭香皂，打響了國民品牌系列的第一槍。

新產品上市後，由於直銷有方，質優價廉，廣告奇妙，公關得力，白蘭香皂果然一鳴驚人，銷售量直線上升。洪老典喜不自勝，隨即加大了銷售投入，並加快了銷售網站的建設。很快便建成了遍布全台各地的銷售網，大小分公司擴充到十八個，每天有一百多輛送貨車在全台的公路網上穿梭不止，一片繁忙景象。

洪老典見銷售形勢喜人，又趁機推出一系列新產品，如：白蘭去污粉、白蘭漂白粉、白蘭花露香皂等一系列洗滌用品，大借東風，擴展規模，而且，將行銷市場向外拓展到日本、香港、印尼、馬來西亞等地，每月外銷量佔總銷量的20％左右。

從此，洪老典的洗滌用品的產銷量雄居同業的第一位，他也成了赫赫有名的行銷大王。

洪老典事業成功之後，反思自己的奮鬥歷程，深感產品品質的重要，更加注重提高產品品質。他說：「產品的品質就是產品的生命之源，只有千方百計地提高產品品質，才能真正提高產品的競爭力，最終使產品常盛不衰。」

為了做到這一點，洪老典總是不惜一切代價即時地購買世界各地的先進專利技術，即時地運用於生產過程之中，進而提高產品的附加價值。例如：在「白蘭洗衣粉」中，洪老典加入EDTA水活離子；在「水仙洗衣粉」中加入P-17漂白增豔劑；在「白蘭香皂」中加入潤膚蛋霜等等，使產品成為市場上的不倒翁。

與此同時，洪老典大力推行「品質管制」制度，從原物料進廠到產品包裝出廠，每一道程序都實行嚴格的產品品質監控制度，絕不讓一個不合格的產品流入市場。

這樣一來，洪老典的信譽度越來越高了。在狠抓產品品質的同時，洪老典又狠抓產品數量的擴張，以求規模效應。洪老典說：「只要把產品品質和產量巧妙地結合起來，才能產生大兵團的作戰效果，佔有更大的市場。」

四十五歲那年，洪老典增建了一座噴座，一躍而成為國內最大的洗衣粉廠。為了擴展規模，他把噴塔的噴嘴由一個增加到數個，把一層噴粉改為兩層噴粉，巧妙地提高油爐的溫度，大大地提高了噴塔的單位時間產量。

為了革新技術，洪老典又把磺化合成設施改進為連續式操作，使磺化能力猛增了一倍以上……透過大規模的技術改造和革新，生產能力由原來的每小時兩噸提到了每小時八噸，創造出工商界罕見的奇蹟，令人驚嘆不已。

國家圖書館出版品預行編目資料

變中求勝─麻將中的商業智慧／林牧群著.
－－第一版－－ 臺北市：老樹創意出版；
紅螞蟻圖書發行，2011.4
面　　公分－－(New Century；41)
ISBN 978-986-6297-23-6（平裝）

1.職場成功法 2.謀略

563　　99023809

New Century 41

變中求勝─麻將中的商業智慧

作　　者／林牧群
美術構成／Chris' office
校　　對／楊安妮、鍾佳穎
發 行 人／賴秀珍
榮譽總監／張錦基
總 編 輯／何南輝
出　　版／老樹創意出版中心
發　　行／紅螞蟻圖書有限公司
地　　址／台北市內湖區舊宗路二段121巷28號4F
網　　站／www.e-redant.com
郵撥帳號／1604621-1　紅螞蟻圖書有限公司
電　　話／(02)2795-3656（代表號）
傳　　真／(02)2795-4100
登 記 證／局版北市業字第796號
港澳總經銷／和平圖書有限公司
地　　址／香港柴灣嘉業街12號百樂門大廈17F
電　　話／(852)2804-6687
法律顧問／許晏賓律師
印 刷 廠／鴻運彩色印刷有限公司
出版日期／2011年４月　第一版第一刷

定價 220 元　港幣 73 元

ISBN 978-986-6297-23-6　　Printed in Taiwan